MATHIEU, ÉMILE

Théorie de la capillarité

Gauthier-Villars

Paris 1883

THÉORIE

DE

LA CAPILLARITÉ.

OUVRAGES DE M. Émile MATHIEU.

Cours de Physique mathématique. In-4; 1878 .... 15 fr.

Cet Ouvrage peut être considéré comme le premier Volume d'un Traité de Physique mathématique. L'auteur y présente les méthodes d'intégration dans cette branche de la Science. Pour simplifier cette exposition, il applique ces méthodes seulement à la Théorie de la chaleur et à l'Acoustique; mais elles trouvent aussi bien leur emploi dans l'Électrostatique, le Magnétisme, l'Électrodynamique et la Théorie de l'élasticité.

Dynamique analytique. In-4; 1873 .... 15 fr.

Quand la seconde édition de la *Mécanique analytique* de Lagrange parut, au commencement de ce siècle, elle pouvait être regardée comme une œuvre accomplie; mais différents géomètres ont ensuite apporté sur cette matière des travaux importants : il était donc utile de fondre les résultats nouveaux avec les anciens. C'est ce que s'est proposé l'auteur dans cet Ouvrage, en laissant de côté la Statique, à laquelle il avait été peu ajouté.

8866 Paris. — Imprimerie de GAUTHIER-VILLARS, quai des Augustins, 55.

THÉORIE

DE

LA CAPILLARITÉ

PAR

M. ÉMILE MATHIEU,

PROFESSEUR A LA FACULTÉ DES SCIENCES DE NANCY.

PARIS,

GAUTHIER-VILLARS, IMPRIMEUR-LIBRAIRE

DE L'ÉCOLE POLYTECHNIQUE, DU BUREAU DES LONGITUDES,

SUCCESSEUR DE MALLET-BACHELIER,

Quai des Augustins, 55.

1883

A M. LE GÉNÉRAL MENABREA,

AMBASSADEUR D'ITALIE.

MONSIEUR LE GÉNÉRAL,

J'ai désiré vous dédier cet Ouvrage comme à celui de tous les savants qui m'a témoigné le plus d'estime pour mes recherches scientifiques. C'est pour moi une grande satisfaction que mes travaux aient occupé quelques instants des loisirs d'un homme qui, par la politique et par les armes, a contribué puissamment à l'unité et à la grandeur de l'Italie. Mais ce plaisir est aujourd'hui mêlé de quelque regret, c'est que ce Livre ne soit pas plus digne de vous être dédié.

Votre tout respectueux serviteur,

É. MATHIEU.

PRÉFACE.

L'Ouvrage que j'ai publié précédemment sous le titre de *Cours de Physique mathématique* pouvait être considéré comme le premier Volume d'un Traité de Physique mathématique; le Livre actuel en forme le deuxième Volume. Le temps qui s'est écoulé entre les publications de ces deux Ouvrages a été assez long; mais je pense que les autres Volumes paraîtront à des époques beaucoup plus rapprochées.

THÉORIE

DE

LA CAPILLARITÉ.

INTRODUCTION.

Au commencement de ce siècle, on connaissait un certain nombre de phénomènes dus à la capillarité, mais on n'avait aucune théorie pour les calculer, ni même les expliquer.

La plupart de ces phénomènes avaient été reconnus par Borelli et décrits par lui dans un Ouvrage publié en 1670 (*voir* POGGENDORFF, *Geschichte der Physik*).

Dès cette époque, on savait l'inégale ascension des divers liquides dans un même tube capillaire plongé dans un vase qui les renferme, certains d'entre eux, comme le mercure, étant même déprimés. Suivant Borelli, l'ascension verticale d'un liquide dans un tube capillaire circulaire est en raison inverse du rayon du tube, et l'élévation du liquide entre deux lames parallèles est la même que dans un tube dont le rayon est égal à la distance des lames. Quand les liquides sont susceptibles de mouiller les tubes, on obtient des résultats plus facilement comparables en humectant de liquide l'intérieur des tubes.

Comme le reconnut le même physicien, deux lames verticales et parallèles, très voisines, plongeant dans un même liquide, s'attirent réciproquement, soit que le liquide s'élève entre les deux lames, soit qu'il s'y abaisse; mais elles se repoussent au contraire si le liquide s'élève sur l'une et s'abaisse sur l'autre.

Borelli attribuait aussi à la capillarité le fait d'une petite aiguille d'acier qui reste à la surface de l'eau, quand on l'y a posée avec précaution.

Une colonne d'eau renfermée dans un tube conique, ouvert à ses deux extrémités et maintenu horizontal, se porte vers le sommet du tube. Une colonne de mercure dont la surface est convexe s'éloigne au contraire du sommet. Si l'on incline l'axe du tube renfermant la colonne liquide sous un angle suffisant, l'action capillaire pourra faire équilibre au poids et la colonne restera suspendue. On peut également maintenir suspendue une goutte liquide entre deux lames qui forment un très petit angle et se rencontrent suivant une droite horizontale, et, en faisant varier l'inclinaison du plan bissecteur, on voit que le sinus de cette inclinaison est en raison inverse du carré de la distance du milieu de la goutte à l'intersection des deux lames. Hawksbee, en 1713, étudia l'équilibre d'une goutte ainsi suspendue.

Tels sont les principaux faits qui étaient connus dans la théorie de la capillarité au commencement du siècle actuel, et, comme on voit, ils l'étaient déjà depuis longtemps ; mais aucun n'avait été expliqué par l'Analyse mathématique.

Clairaut avait bien essayé, en 1743, dans sa *Théorie de la figure de la Terre*, de soumettre au calcul l'élévation des liquides dans les tubes capillaires ; mais de son analyse exacte et rigoureuse il ne put déduire la loi de cette élévation, parce qu'il n'a pas admis que l'attraction du tube sur le liquide est insensible à des distances excessivement faibles et incomparablement plus petites que le rayon du tube. Il trouva que le poids du liquide soulevé dans le tube doit faire équilibre à l'action du ménisque et à l'action directe du tube. S'il avait supprimé cette dernière action comme insensible, il eût immédiatement résolu la question.

En 1805, Thomas Young, dans les *Philosophical Transactions*, avait assimilé la surface libre d'un liquide à celle d'une membrane également tendue dans tous les sens et il en avait conclu le premier l'équation aux différences partielles, à laquelle satisfait cette surface. Mais, comme le dit Poisson et comme Laplace l'avait remarqué auparavant, « l'identité entre la surface du liquide et celle d'une membrane ne peut être que la conséquence et non le principe de la solution du problème ».

Laplace publia le premier, en 1806, une véritable théorie mathématique de l'action capillaire (en premier et second Supplément au Livre X de la seconde Partie de la *Mécanique céleste*) [1], et ce travail de l'illustre géomètre est un de ses principaux titres à la célébrité. En se fondant sur le principe de l'attraction du liquide sur lui-même et supposant qu'elle n'a lieu qu'à des distances insensibles, il commence par déterminer l'équation aux différences partielles de la surface capillaire ; puis il explique et calcule tous les phénomènes connus jusqu'alors dans cette théorie et que j'ai commencé par rappeler. Il calcula aussi l'adhérence d'un disque à la surface des liquides, la figure d'une large goutte de mercure posée sur un plan horizontal et la dépression dans un large tube barométrique due à la capillarité.

Les résultats obtenus par Laplace ont été vérifiés par les expériences de Gay-Lussac.

Gauss, à son tour, s'occupa des principes de cette théorie dans un Mémoire intitulé *Principia generalia theoriæ figuræ fluidorum in statu æquilibrii*, 1830 (Gauss, *Werke*, t. V). Il remarqua que les objections qui avaient été faites contre la théorie de Laplace sont en général sans valeur (*vel levis vel nullius momenti*). Le seul défaut grave de cette théorie, suivant lui, est d'avoir accepté d'abord sans démonstration la constance de l'angle de la surface du liquide avec la partie de la paroi touchée par le liquide, et cette lacune n'avait pas même été remarquée des détracteurs de Laplace. Il est vrai que, dans la seconde partie de sa théorie, Laplace est revenu sur la constance de cet angle et qu'il en détermine même la valeur en fonction des constantes d'attraction ; mais, outre que cette démonstration est, suivant Gauss, peu satisfaisante, elle ne s'applique qu'à une paroi verticale. Cependant le principal mérite de la théorie de Gauss n'est pas d'avoir comblé cette lacune. Ce géomètre cherche la fonction de forces qui régit le liquide et dont la variation égalée à zéro donne l'équation générale du principe des vitesses virtuelles. Cette fonction renferme, outre un terme qui provient de la pesanteur, deux intégrales sextuples ; mais, par des transformations analytiques, il les ramène à la somme de deux termes proportionnels, l'un à la surface libre du liquide, l'autre à la surface

[1] *Œuvres complètes de Laplace*, t. IV; 1880.

du vase touchée par le liquide. Ce résultat est certainement le plus remarquable de ce Mémoire.

M. Bertrand a montré que l'analyse de Gauss pouvait être simplifiée dans plusieurs de ses parties.

Presque aussitôt après la publication du Mémoire de Gauss, Poisson fit paraitre, en 1831, sa *Nouvelle Théorie de l'action capillaire*, où il ne cite d'ailleurs Gauss que dans le préambule. Il reproche à Laplace d'avoir établi sa théorie sans tenir compte du changement de densité d'un liquide tout près de sa surface libre et aussi tout près des surfaces qui sont en contact avec un corps solide; la théorie de Gauss a d'ailleurs le même défaut. Pour avoir les équations des phénomènes capillaires, il ne suffit donc pas d'avoir égard à la courbure des surfaces des liquides, il faut encore tenir compte de leur état particulier vers leurs limites. Par des calculs fort compliqués, mais extrêmement bien conduits, il retrouve l'équation aux différences partielles de la surface capillaire et démontre la constance de l'angle de raccordement. Les équations sont les mêmes que dans la théorie de Laplace, avec cette seule différence que les deux constantes qui y entrent prennent une signification plus compliquée. La théorie de Poisson est certainement exacte, mais on pourra voir dans le Chapitre I de mon Ouvrage qu'il n'est pas nécessaire d'employer des calculs si difficiles pour modifier la signification de ces constantes. On peut aussi juger par le seul Chapitre V de son Livre que Poisson a pris cette théorie par un côté très difficilement accessible. Il étudie en effet dans cet endroit les modifications de la pression, sur un corps plongé en partie dans un liquide, par l'action capillaire. Mais, bien qu'il déploie dans cette recherche la plus grande habileté, il ne parvient à résoudre complètement la question que pour un corps de révolution dont l'axe est vertical. J'ai traité le même sujet dans le Chapitre IV de mon Livre d'une manière complète pour un corps de forme quelconque. Je l'ai même traité deux fois : d'abord par des démonstrations synthétiques et plus faciles, ensuite par des démonstrations analytiques; car je montre que les premières sont insuffisantes; j'arrive des deux manières aux mêmes résultats. Je termine ce Chapitre en montrant l'accord de ma théorie avec celle de Poisson.

Depuis la publication de l'Ouvrage de ce célèbre géomètre, le champ des expériences relatives à la capillarité s'est beaucoup agrandi et a fourni de nouveaux éléments à la théorie.

Hagen, Brunner, Édouard Desains, Bède, M. Quet ont étudié avec une grande précision l'élévation ou la dépression des liquides par la capillarité et ont démontré l'accord des faits avec la théorie. Mais on sait maintenant qu'une très légère altération de la surface d'un liquide par le contact de l'air peut modifier beaucoup la constante capillaire. On sait aussi que l'angle de la surface d'un liquide avec un corps solide est susceptible encore de plus grandes variations. Cet angle constant, d'après la théorie qui suppose que le liquide reste toujours identique à lui-même, peut varier beaucoup si le liquide ou seulement sa partie superficielle vient à s'altérer.

Gay-Lussac ne connaissait pas la grande variation de cet angle pour le mercure. Ainsi, à la demande de Poisson, il a mesuré la hauteur de gouttes de mercure de différentes grosseurs, après en avoir déterminé le poids. Or, en m'occupant du calcul de la figure de ces gouttes, j'ai pu reconnaître (*voir* Chapitre V) que l'angle de raccordement qu'elles formaient avec le plan de verre sur lequel elles reposaient, et qui était considéré comme constant par Gay-Lussac, a varié d'une goutte à l'autre. Ces expériences auraient présenté plus d'intérêt s'il avait déterminé la plus grande largeur des gouttes, au lieu de leur hauteur.

Enfin, pour achever de citer seulement les principales recherches des physiciens, je rappellerai que Hagen a employé le premier le compte-gouttes pour déterminer la constante capillaire, que Dupré a prouvé directement la tension superficielle, que Plateau et Quincke ont déterminé la limite des distances des attractions moléculaires et que Plateau a étudié, dans des expériences célèbres, les figures d'équilibre que peuvent prendre les liquides sans pesanteur.

CHAPITRE I.

DES PRINCIPES DE LA THÉORIE DE LA CAPILLARITÉ.

1. Dans la théorie de la capillarité, comme son nom l'indique, on cherche à déterminer l'élévation ou la dépression des liquides dans des tubes très fins; mais, plus généralement, on s'y propose d'étudier l'équilibre des liquides mis en contact avec des corps solides.

Le seul fait sur lequel nous nous appuierons d'abord, c'est que la surface d'un liquide ne varie pas, quand on change l'épaisseur des parois du vase dans lequel il se trouve, quelque faible qu'on rende cette épaisseur. Il en résulte évidemment que les actions capillaires s'exercent à une distance excessivement petite.

Il est aisé de comprendre que la densité d'un liquide doit varier dans le voisinage des surfaces qui le terminent, soit que ces surfaces demeurent libres, soit qu'elles couvrent d'autres corps. A une distance sensible de ces surfaces, un liquide pourra être regardé comme de densité constante, chaque molécule étant pressée par toutes les molécules situées dans sa sphère d'activité, dont le rayon ε est très petit, d'après ce qui vient d'être dit. Mais, si l'on considère une molécule à une distance de la surface libre qui soit moindre que le rayon d'activité moléculaire, la force comprimante, qui proviendra alors de la partie comprise entre la surface libre et la surface parallèle menée par la molécule, sera moindre que précédemment. La densité du liquide sera donc moindre en ce point qu'à l'intérieur du liquide et décroîtra jusqu'à la surface. La couche d'épaisseur ε, dont l'une des faces est la surface libre du liquide, étant d'une densité moindre que celle qui a lieu à une profondeur sensible, exercera sur l'autre face une pression moindre que celle à laquelle sont soumises les molécules situées à une profondeur plus grande. Ainsi la densité du liquide doit être considérée comme variable vers la surface libre et jusqu'à une profondeur plus grande que le rayon d'activité.

On voit de même que la densité d'un liquide doit changer aux environs d'une paroi ou d'un autre liquide et y être tantôt plus grande, tantôt moindre qu'à l'intérieur du premier liquide.

Laplace n'a point fait entrer dans ses calculs sur la théorie de l'action capillaire ce changement de densité, et l'a regardé comme négligeable. Mais c'est à tort qu'on a prétendu souvent qu'il la croyait constante : il dit au contraire, à la fin de cette théorie, que cette densité change vers les limites du liquide.

Application du principe des vitesses virtuelles.

2. Considérons un liquide en contact avec un corps solide et appliquons à ce système le principe des vitesses virtuelles.

Soient $m_1, m_2, \ldots, m_i, \ldots$ les molécules du liquide et $M_1, M_2, \ldots, M_s, \ldots$ les molécules du corps solide. Désignons par $r_{i,s}$ la distance entre m_i et m_s, et par $R_{i,s}$ la distance entre m_i et M_s; représentons aussi par $f(r_{i,s})$ la fonction qui exprime l'attraction entre m_i et m_s, et par $F(R_{i,s})$ celle qui donne l'attraction entre m_i et M_s.

Prenons un système d'axes rectangulaires des x, y, z, dont l'axe des z soit vertical et mené de bas en haut. Le moment virtuel de la pesanteur sur la molécule m sera $-gm\delta z$, δz étant le déplacement virtuel de m suivant la verticale, et g l'accélération due à la pesanteur. Le moment virtuel des deux forces égales et contraires qui s'exercent entre m_i et m_s, provenant de la variation $\delta r_{i,s}$ de leur distance, a pour valeur

$$-m_i m_s f(r_{i,s})\,\delta r_{i,s},$$

et le moment qui résulte des actions entre m_i et M_s est de même

$$-m_i M_s\,F(R_{i,s})\,\delta R_{i,s}.$$

Le système étant supposé en équilibre, on aura, d'après le principe des vitesses virtuelles, en indiquant les sommations avec le signe S,

$$\mathrm{S}mg\,\delta z + \tfrac{1}{2}\,\mathrm{S}_i\mathrm{S}_s m_i m_s f(r_{i,s})\,\delta r_{i,s} + \mathrm{S}_i\mathrm{S}_s m_i M_s F(R_{i,s})\,\delta R_{i,s} = 0,$$

la première somme s'étendant à toutes les molécules m du liquide ; la seconde somme, qui est double, s'étendant à chaque arrangement de deux molécules m_i, m_s du liquide; enfin la troisième somme, double également, s'obtient en prenant chaque molécule m_i du liquide avec une molécule quelconque M_s du corps solide. On a mis le facteur $\frac{1}{2}$ en avant de la première somme double, afin de ne pas prendre deux fois un terme provenant de l'action mutuelle entre deux molécules du liquide.

Nous regarderons $f(r)$ et $F(R)$ comme tout à fait nuls, dès que r et R dépasseront des quantités très petites ε et ε'; nous pouvons donc poser

$$\int_r^{\varepsilon} f(r)\,dr = \int_r^{\infty} f(r)\,dr = \varphi(r),$$

$$\int_r^{\varepsilon'} F(r)\,dr = \int_r^{\infty} F(r)\,dr = \Phi(r),$$

$\varphi(r)$ et $\Phi(r)$ étant deux fonctions positives, puisque tous les éléments des intégrales sont positifs. Nous en déduisons

$$-f(r)dr = d\varphi(r), \quad -F(r)dr = d\Phi(r).$$

Ainsi l'équation du principe des vitesses virtuelles deviendra

$$-\,\mathrm{S}mg\,\delta z + \tfrac{1}{2}\mathrm{S}_i\mathrm{S}_s m_i m_s\,\delta\varphi(r_{i,s}) + \mathrm{S}_i\mathrm{S}_s m_i M_s\,\delta\Phi(R_{i,s}) = 0.$$

Si nous désignons par U la fonction de forces pour tout le système et que nous posions en conséquence

$$U = -g\,\mathrm{S}mz + \tfrac{1}{2}\mathrm{S}_i\mathrm{S}_s m_i m_s\,\varphi(r_{i,s}) + \mathrm{S}_i\mathrm{S}_s m_i M_s\,\Phi(R_{i,s}),$$

nous réduirons cette équation à

$$(a) \qquad \delta U = 0.$$

Prenons un point à l'intérieur du liquide et situé à une distance sensible de sa surface. Désignons par L la somme $\mathrm{S}m\varphi(r)$ étendue à toutes les molécules m d'une sphère dont le centre est à ce point du liquide et dont le rayon est celui de la sphère d'activité. Si nous sommons la quantité $m'L$ pour toutes les molécules du liquide, cette somme restera constante, quelle que soit la forme affectée par la masse donnée du liquide.

Nous allons employer cette considération à la simplification de la somme

$$(b) \qquad S_i S_s m_i m_s \varphi(r_{i,s}).$$

3. Supposons d'abord que le liquide soit entièrement homogène, même vers sa surface. Si nous sommons la quantité m'L pour toutes les molécules du liquide, nous obtiendrons une somme LSm' plus grande que (b); car elle comprendra, outre la somme (b), le *potentiel* de la masse liquide sur une couche fictive excessivement mince de ce liquide, recouvrant cette masse et dont l'épaisseur constante est égale au rayon ε de la sphère d'activité.

(J'étends ici le mot de *potentiel* à une attraction autre que celle de l'inverse du carré de la distance.)

Désignons par μ une molécule de cette couche fictive; nous aurons

$$S_i S_s m_i m_s \varphi(r_{i,s}) = \mathrm{L}Sm' - SS\mu\, m\, \varphi(r),$$

r désignant dans la dernière somme la distance de la molécule fictive μ à une molécule quelconque du liquide. Le premier terme du second membre est constant, la masse du liquide restant invariable. D'autre part, l'épaisseur ε de la couche est en général excessivement petite par rapport aux rayons de courbure de la surface du liquide et $\varphi(r)$ est nul pour $r > \varepsilon$; il est donc évident que $SS\mu m \varphi(r)$ est proportionnel à la surface du liquide, à des quantités près tout à fait négligeables.

Ainsi, en désignant par T la surface entière du liquide et par p une quantité constante positive, on a, pour la variation de la quantité (b),

$$(c) \qquad S_i S_s m_i m_s \delta\varphi(r_{i,s}) = -p\,\delta\mathrm{T}.$$

La démonstration de cette formule suppose que le liquide reste homogène jusqu'à sa surface. Nous allons maintenant supposer que le liquide change de densité dans les environs de sa surface et examiner comment cette dernière formule se modifie.

Modification de la formule (c) dans l'hypothèse d'un changement de densité dans le liquide.

4. Pour simplifier, admettons d'abord que la surface du liquide est entièrement libre. Soient aa' (*fig.* 1) la surface de ce liquide et bb' la

limite inférieure de la couche de densité moindre que la densité ρ d
l'intérieur du liquide ; la surface bb' est parallèle à aa' et à une distance
de cette dernière surface, plus grande que le rayon d'activité ε.

Fig. 1.

Condensons par la pensée cette couche d'épaisseur η, de manièr
qu'elle prenne partout la densité ρ et l'épaisseur u ; alors la surface ex
térieure du liquide viendra en cc', surface parallèle aux deux préc
dentes.

Considérons la quantité LSm, Sm représentant la somme de tout
les molécules renfermées dans la partie B du liquide comprise sous
surface bb', et dans la couche condensée $cc'bb'$ que nous appellerons A
Si l'on suppose que la surface extérieure aa' vienne à se modifier, no
seulement LSm restera constant, mais le volume renfermé sous la su
face cc' sera lui-même constant et, d'après ce que nous avons vu dan
le numéro précédent, le potentiel de ce liquide, compris dans cc', s
lui-même est égal à l'expression

(1) $$\tfrac{1}{2}LSm - \tfrac{1}{2}SS\mu m\varphi(r),$$

où la somme double représente le potentiel de A sur une couche plac
sur cc' et ayant la densité ρ et l'épaisseur ε.

Pour avoir le potentiel total

(2) $$\tfrac{1}{2}S_1S_2 m_1 m_2 \varphi(r_{1,2}),$$

il suffira de retrancher de la valeur (1) le potentiel de la couche A s
le liquide B et sur elle-même, et d'y ajouter le potentiel de la couc
vraie $bb'aa'$ sur le liquide B et sur elle-même.

D'après cela, désignons par ϖ, ϖ' deux molécules quelconques de
couche fictive A, et par ν, ν' deux molécules quelconques de la couc
vraie $aa'bb'$. Désignons aussi par m' une molécule quelconque de
Le potentiel de la couche A sur B et sur elle-même sera

$$SSm'\varpi\varphi(r) + \tfrac{1}{2}SS\varpi\varpi'\varphi(r),$$

et celui de la couche $aa'bb'$ sur B et sur elle-même sera

$$SSm'\nu\varphi(r) + \tfrac{1}{2}SS\nu\nu'\varphi(r),$$

r représentant dans chacune de ces sommes la distance entre les deux molécules qui y sont indiquées.

Nous en concluons, pour l'expression (2),

$$(3)\quad \left\{\begin{aligned} \tfrac{1}{2}S_iS_s m_i m_s \varphi(r_{i,s}) = \tfrac{1}{2}LSm &- \tfrac{1}{2}SSm\mu\varphi(r) \\ &- SSm'\varpi\varphi(r) - \tfrac{1}{2}SS\varpi\varpi'\varphi(r) \\ &+ SSm'\nu\varphi(r) + \tfrac{1}{2}SS\nu\nu'\varphi(r). \end{aligned}\right.$$

Les termes de la deuxième ligne sont respectivement plus grands que ceux de la troisième.

Si l'on conçoit que la surface extérieure du liquide change, la quantité $\frac{1}{2}LSm$ restera invariable. Ensuite, d'après ce que nous avons reconnu (n° 3), la première somme double de la formule précédente est proportionnelle à la surface T du liquide, et l'on voit de la même manière que les quatre autres sommes doubles sont proportionnelles à cette même surface : donc, A et K étant deux constantes positives dont la première représente $\frac{1}{2}LSm$, le second membre de la formule (3) peut s'écrire

$$A - KT.$$

5. Concevons ensuite que la surface T du liquide ne soit plus entièrement libre, mais qu'elle se compose d'une partie libre σ et d'une partie Ω en contact avec un corps solide ou un autre liquide. Nous supposerons encore que la couche terminée par σ et de densité moindre que ρ ait l'épaisseur ε, et que cette couche condensée jusqu'à la densité ρ prenne l'épaisseur u. Et pareillement nous supposerons que la semblable couche terminée par Ω ait l'épaisseur ε_1 et que, ramenée à la densité ρ, elle ait l'épaisseur u_1.

Désignons encore par ϖ ou ϖ_1 chaque molécule de la couche fictive d'épaisseur u ou u_1 et par ν ou ν_1 chaque molécule de la couche vraie d'épaisseur ε ou ε_1. Alors, pour avoir l'expression de la quantité (2), il faudra, au second membre de la formule (3), ajouter

$$(4)\quad \left\{\begin{aligned} &- SSm'\varpi_1\varphi(r) - \tfrac{1}{2}SS\varpi_1\varpi_1'\varphi(r) \\ &+ SSm'\nu_1\varphi(r) + \tfrac{1}{2}SS\nu_1\nu_1'\varphi(r). \end{aligned}\right.$$

Désignons par A, B, C, D des nombres constants; nous pourrons représenter $\frac{1}{2}$LSm par A, SS$m\mu\varphi(r)$ par B($\sigma + \Omega$), la somme des quatre derniers termes du second membre de (3) par $-$ Cσ et la somme (4) par $-$ DΩ. Nous aurons donc

$$\tfrac{1}{2}S_i S_s m_i m_s \varphi(r_{i,s}) = A - \frac{B}{2}(\sigma + \Omega) - C\sigma - D\Omega,$$

A, B et C étant positifs et D positif ou négatif. Les termes $-C\sigma - D\Omega$ sont ceux qui proviennent du changement de densité du liquide vers ses limites.

Nouvelle forme de l'équation du principe des vitesses virtuelles.

6. Supposons que l'on ait un seul liquide qui se trouve au contact d'un solide par la surface Ω. La quantité

$$S_i S_s m_i M_s \Phi(R_{i,s}),$$

qui entre dans l'expression de U (n° 2), est proportionnelle à Ω et peut être représentée par EΩ, E étant une constante positive. On peut, dans cette même expression de U, remplacer gSmz par

$$g\rho \int z\, d\varpi,$$

l'intégrale s'étendant à tous les éléments $d\varpi$ du volume du liquide. On aura donc

$$U = -g\rho \int z\, d\varpi + A - \left(\frac{B}{2} + C\right)\sigma - \left(\frac{B}{2} + D - E\right)\Omega.$$

Dans le cas où l'on suppose C et D nuls, on obtient la formule donnée par Gauss. Cette fonction doit être substituée dans l'équation

$$\delta U = 0.$$

Remarques sur les principes employés dans les numéros précédents.

7. Outre l'attraction entre deux molécules, il peut y avoir entre elles une répulsion calorifique; mais, pour en tenir compte, il suffit

d'admettre que, dans le n° 2, les fonctions $f(r)$ et $F(r)$ représentent la somme de ces deux actions.

Nous admettons donc seulement que l'action totale entre deux molécules n'est fonction que de leur distance. Cependant on peut douter que cette action soit aussi simple. On conçoit en effet que les molécules liquides au voisinage du corps solide puissent prendre une orientation déterminée, et l'action entre deux molécules, l'une liquide, l'autre solide, pourrait dépendre non seulement de leur distance, mais encore de la disposition de la molécule liquide par rapport à la droite qui la joint à la molécule solide. Toutefois il suffit que l'expression du moment virtuel de la force

$$X\,\delta x + Y\,\delta y + Z\,\delta z,$$

où X, Y, Z sont les composantes de cette force, soit une différentielle exacte, pour que les résultats obtenus dans ce qui précède restent applicables. L'intégrale de cette différentielle remplacera la fonction $\Phi(R)$ et l'on reconnaîtra facilement que la somme qui remplacera

$$S_i S_s m_i M_s \Phi(R_{i,s})$$

pourra, comme au numéro précédent, être représentée par $E\Omega$, E étant constant.

On verra également que, si les molécules du liquide ont une certaine orientation auprès de la surface libre et que le moment virtuel de leur action mutuelle soit une différentielle exacte, l'expression qui remplacera

$$\tfrac{1}{2} S_i S_s m_i m_s \varphi(r_{i,s})$$

pourra encore se mettre sous la forme indiquée à la fin du n° 5. Donc enfin il existera une fonction de forces U, qui conservera la même forme qu'au numéro précédent.

L'existence d'une fonction de forces doit d'ailleurs être admise, si l'on néglige la viscosité, c'est-à-dire le frottement du liquide sur lui-même; car, dans ce cas, les molécules du liquide étant supposées déplacées, puis revenues à leurs positions primitives, le travail accompli doit être nul, ce qui n'a lieu que dans la supposition de l'existence d'une fonction de forces.

Équilibre d'un liquide renfermé dans un vase.

8. Supposons un corps solide formant un vase qui renferme le liquide. Posons

$$(1) \qquad \frac{1}{g\rho}\left(\frac{B}{2}+C\right)=M, \quad \frac{1}{g\rho}\left(\frac{B}{2}+D-E\right)=N;$$

d'après le n° 6, nous aurons l'équation

$$(2) \qquad \delta\int z\,d\varpi + M\delta\sigma + N\delta\Omega = 0,$$

σ étant la surface libre et Ω la surface du liquide en contact avec le solide.

La quantité $\delta\int z\,d\varpi$ serait évidemment nulle si la surface libre σ ne changeait pas, et aussi, pour évaluer cette quantité, nous pouvons supprimer au volume du liquide la partie commune avant et après le déplacement virtuel. Si nous multiplions chacun des éléments de la différence des deux volumes par z, nous aurons $\delta\int z\,d\varpi$. Or, en désignant par n la normale extérieure et par δn le déplacement de la surface suivant cette normale, l'élément de volume de cette différence a pour valeur $d\sigma\delta n$; on aura donc

$$\delta\int z\,d\varpi = \int z\,\delta n\,d\sigma,$$

l'intégrale du second membre s'étendant à tous les éléments de la surface libre σ.

Comme la densité du liquide n'est plus la même vers ses limites, il faudrait, pour plus de rigueur, remplacer le premier terme de la formule (2) par

$$(3) \qquad \frac{1}{\rho}\delta\int z\rho\,d\varpi,$$

ρ étant considéré dans l'intégrale comme variable vers la surface du liquide. Alors, le liquide étant supposé partagé en la partie dont la densité est constante et en une couche d'épaisseur très petite d'une densité moindre, la partie de la formule (3) qui se rapporte à cette couche est insensible, comme on le voit aisément; donc il n'y a rien à changer à la détermination que nous avons faite du premier terme de l'équation (2).

Pour former l'équation (2), supposons d'abord que, la surface Ω restant la même, la surface libre σ soit changée en une surface infiniment voisine σ', terminée au même contour. Sur la surface σ traçons les deux systèmes de lignes de courbure, s et s_1 ; le long de ces lignes menons des normales qui détermineront sur σ' les lignes s' et s'_1. Ces lignes de courbure découpent la surface σ en rectangles curvilignes infiniment petits. Soient ds, ds_1 les deux côtés d'un de ces rectangles ; les normales menées aux deux extrémités de ds se rencontrent en un même point et interceptent sur σ' l'arc ds' ; de même les deux normales menées aux deux extrémités de ds_1 interceptent sur σ' l'arc ds'_1 et l'on aura

$$ds' = ds\left(1 - \frac{\delta n}{R}\right), \quad ds'_1 = ds_1\left(1 - \frac{\delta n}{R_1}\right),$$

δn étant la distance déjà considérée entre les deux surfaces et R, R_1 étant les deux rayons de courbure principaux de la surface σ, qui doivent être regardés comme positifs ou négatifs, suivant qu'ils sont extérieurs ou intérieurs au volume du liquide. Nous pourrons donc poser

$$d\sigma = ds\, ds_1,$$

$$d\sigma' = ds'\, ds'_1 = ds\, ds_1\left(1 - \frac{\delta n}{R}\right)\left(1 - \frac{\delta n}{R_1}\right),$$

et il en résulte

$$\delta\, d\sigma = d\sigma' - d\sigma = -\left(\frac{1}{R} + \frac{1}{R_1}\right)\delta n\, ds\, ds_1,$$

$$\delta\sigma = -\int\left(\frac{1}{R} + \frac{1}{R_1}\right)\delta n\, d\sigma.$$

Donc, quand $\delta\Omega$ est nul, l'équation (2) se réduit à

$$\int\left[-M\left(\frac{1}{R} + \frac{1}{R_1}\right) + z\right]\delta n\, d\sigma = 0. \tag{4}$$

Il faut exprimer que la masse du liquide ne change pas, et il est encore aisé de voir qu'on peut dans cette condition négliger le changement de densité qui a lieu très près de la surface. On aura donc à exprimer que le volume du liquide est constant ; ce qui donnera

$$\int \delta n \, d\sigma = 0.$$

Multiplions cette dernière équation par une constante $-h$ et ajoutons à (4) ; nous avons

$$\int \left[-M\left(\frac{1}{R}+\frac{1}{R_1}\right) + z - h \right] \delta n \, d\sigma = 0.$$

Comme cette équation doit avoir lieu quel que soit δn, on en conclut

$$(5) \qquad -M\left(\frac{1}{R}+\frac{1}{R_1}\right) + z - h = 0,$$

ce qui détermine l'équation de la surface libre σ.

Si l'on voulait tenir compte de la pression Π de l'atmosphère, on remarquerait que son moment virtuel sur l'élément $d\sigma$ est $-\Pi\,\delta n\, d\sigma$ et que le premier membre de l'équation (2) est la quantité δU divisée par $-g\rho$. On en conclurait qu'il faut introduire dans l'équation (4) entre les crochets la quantité $\frac{1}{g\rho}\Pi$, et l'on obtiendrait, au lieu de l'équation (5),

$$\Pi + g\rho(z-h) = g\rho M\left(\frac{1}{R}+\frac{1}{R_1}\right).$$

9. Supposons ensuite que la surface Ω de contact du liquide avec le vase change. Désignons par l la ligne de séparation de σ et de Ω ; par la déformation l se changera en une ligne l'. Le long de la ligne l élevons des normales à la surface σ jusqu'à la rencontre de σ' ; ces normales couperont σ' suivant une ligne l_1. Ainsi la surface σ' peut être partagée en deux parties : l'une σ'_1 renfermée dans la ligne l_1, l'autre σ'_2 comprise entre l_1 et l'.

D'après ce qui a été démontré ci-dessus, nous avons

$$(6) \qquad \sigma'_1 - \sigma = -\int \left(\frac{1}{R}+\frac{1}{R_1}\right) \delta n \, d\sigma.$$

Désignons par $\delta\lambda$ la distance entre les deux lignes l et l' situées sur la paroi du vase ; nous aurons d'abord

$$\delta\Omega = \int \delta\lambda\, dl.$$

Ensuite σ'_2 peut être considéré comme la projection des éléments $\delta\lambda\, dl$ de la paroi sur σ'. Si donc nous désignons par i l'angle des normales à σ et à la paroi, menées respectivement hors du liquide et hors de la paroi, nous aurons

$$\sigma'_2 = \int \cos i\, \delta\lambda\, dl. \tag{7}$$

Ajoutant (6) et (7), nous avons

$$\delta\sigma = -\int\left(\frac{1}{R} + \frac{1}{R_1}\right)\delta n\, d\sigma + \int \cos i\, \delta\lambda\, dl.$$

Enfin considérons encore l'expression $\delta\int z\, d\varpi$; elle se compose d'abord de $\int z\,\delta n\, d\sigma$, puis d'une partie provenant du liquide renfermé entre la paroi et la petite surface réglée terminée aux deux lignes l et l_1 ; mais cette seconde partie est infiniment petite par rapport à la première.

Ainsi l'équation (2) devient

$$\int\left[-M\left(\frac{1}{R} + \frac{1}{R_1}\right) + z\right]\delta n\, d\sigma + \int (M\cos i + N)\,\delta\lambda\, dl = 0,$$

et il faut y ajouter encore l'équation de condition

$$\int \delta n\, d\sigma = 0.$$

On en conclut comme ci-dessus l'équation (5) et aussi, puisque $\delta\lambda$ est arbitraire,

$$M\cos i + N = 0.$$

Ainsi on a, pour l'*angle de raccordement*, c'est-à-dire l'angle sous lequel le liquide rencontre la partie de la paroi touchée par le liquide,

$$\cos i = -\frac{N}{M} = -\frac{B - 2E + 2D}{B + 2C}, \tag{8}$$

B, E, C étant des quantités positives et D positif ou négatif.

10. La méthode qui précède, pour déduire au moyen de l'équation (2) l'équation de la surface libre du liquide et la formule qui détermine l'angle i, a été exposée par M. Bertrand (*Journal de Liouville*, t. XIII, 1848). La variation de densité que j'ai admise vers les limites du liquide ne modifie en rien cette démonstration. Laplace a démontré le premier ces deux formules, en supposant la densité du liquide partout la même, et par suite C et D nuls.

Si nous faisons C et D nuls, nous avons

$$\cos i = -\frac{B - 2E}{B}, \tag{9}$$

et nous obtenons les résultats suivants donnés par Laplace.

Admettons que l'action, entre deux molécules du liquide ou entre une molécule du liquide et une du solide, soit la même fonction de leur distance, à un coefficient constant près. Alors B et E seront proportionnels à ces attractions.

Si $B - 2E$ est positif et par conséquent l'attraction du liquide sur lui-même plus grande que deux fois celle de la paroi sur le liquide, l'angle i est obtus et, si la paroi est verticale, la surface du liquide est convexe.

Si $B = 2E$, le liquide rencontrera la paroi normalement et il sera horizontal si le tube est vertical.

Si $B - 2E$ est négatif et par conséquent l'attraction du liquide plus petite que deux fois celle de la paroi, l'angle i est aigu et, si la paroi est verticale, la surface du liquide est concave.

Toutefois si, $B - 2E$ étant négatif, on a de plus $B < E$, la valeur trouvée pour $\cos i$ serait plus grande que 1, la valeur de i serait imaginaire et la formule (9) ne serait plus applicable ; cela provient de ce que l'équilibre n'est plus possible. Alors le liquide tendra par l'attraction de la paroi à s'y élever et à y former une couche excessivement mince ; le liquide n'aura qu'à vaincre sa pesanteur qui sera très faible et le frottement contre la paroi qui pourra avoir une valeur sensible. Le tube liquide excessivement mince qui s'élève au-dessus de la surface du liquide devra être substitué dans la théorie précédente à la paroi même. On devra donc faire $B = E$, et par suite

$$\cos i = 1;$$

ainsi l'angle i est nul et la surface du liquide est tangente à la paroi.

Tous ces résultats cessent d'être exacts, si C et D, comme il est vraisemblable, ne sont pas négligeables devant B et E; alors il faut adopter la formule (8). La limite où l'expression (8) sera applicable aura lieu quand $\cos i$ sera égal à 1 ou

$$E = B + C + D. \tag{10}$$

Ainsi, à cette limite, la surface du liquide est tangente à la paroi. Quand on aura

$$E > B + C + D,$$

la valeur de i donnée par la formule (8) sera imaginaire; mais on devra concevoir qu'une couche liquide excessivement mince s'élève au contact de la paroi. Désignons par E' la quantité analogue à E et relative à l'attraction de la couche liquide sur le liquide intérieur et par C' et D' ce que deviennent C et D, quand on substitue la couche liquide à la paroi. Les quantités C', D' seront évidemment très petites. En remplaçant E, C, D par E', C', D' dans la formule (8), nous aurons

$$\cos i = \frac{2E' - B - 2D'}{B + 2C'}.$$

Or il est aisé de comprendre que l'angle i doit rester nul, comme dans le cas où a lieu la formule (10); car le liquide du ménisque et celui de la couche ne forment qu'un même liquide dont la surface ne doit point contenir de parties angulaires. Ainsi E' satisfera à l'équation

$$E' = B + C' + D'.$$

11. On peut, par la considération de l'angle de raccordement, démontrer que les actions moléculaires ne s'exercent qu'à une distance excessivement faible. A cet effet, Quincke déposa sur la surface du verre des couches extrêmement minces de différents corps, et il constata que l'angle de raccordement d'un liquide déterminé avec ces corps ne varie pas quand l'épaisseur des couches surpasse des quantités extrêmement petites. Par exemple, pour le mercure, voici les couches trouvées suffisantes :

$0^{mm},000048$ de sulfure d'argent,
$0^{mm},000059$ d'iodure d'argent.

Ces nombres indiquent l'ordre de grandeur des distances auxquelles s'arrêtent les actions moléculaires.

Sur des précautions à prendre dans l'application du principe des vitesses virtuelles.

12. Si, dans un déplacement virtuel du liquide, la courbure de la surface libre σ change d'une quantité finie, même seulement sur une étendue infiniment petite de cette surface, mais de longueur finie, la quantité ε, quoique très petite, étant finie, le raisonnement qui a servi à démontrer (n° 3) que la quantité

$$\text{SS}\mu m\,\varphi(r) \tag{1}$$

subit une variation proportionnelle à celle de la surface du liquide n'est plus applicable.

On voit de la même manière que la variation de cette quantité n'est pas proportionnelle à celle de la surface du liquide, si, dans la déformation de la surface libre σ, l'angle du liquide avec la paroi change d'une quantité finie. Dans le même cas, la variation de la quantité

$$\text{SS}m\text{M}\,\Phi(\text{R}) \tag{2}$$

ne sera pas proportionnelle à $\delta\Omega$, Ω étant la surface du liquide en contact avec la paroi.

En résumé, dans l'application du principe des vitesses virtuelles, il faut avoir soin de ne considérer que des déformations de la surface libre du liquide, dans lesquelles les angles du plan tangent à cette surface avec les trois plans de coordonnées subissent des variations infiniment petites.

Supposons, par exemple (*fig.* 2), un tube capillaire parfaitement cylindrique à son intérieur et la base rectangulaire sur le cylindre intérieur. Un liquide qui y est renfermé descend jusqu'à la base du tube, en formant une surface concave tangente au cylindre intérieur. Or il n'est pas permis de donner à tout le liquide un même déplacement virtuel δh de haut en bas. En effet, après ce déplacement, l'angle de la surface du liquide avec le tube, qui était égal à zéro, devient celui de la surface du liquide extérieur avec la base du tube, c'est-à-dire égal à un angle droit. Il en résulte que la quantité (2) subit une variation qui n'est plus proportionnelle à $\delta\Omega$; cette variation doit même être considérée comme indéterminée, parce que δh est infiniment petit par rapport à ε et que la loi de la fonction $\Phi(R)$ est inconnue.

Fig. 2.

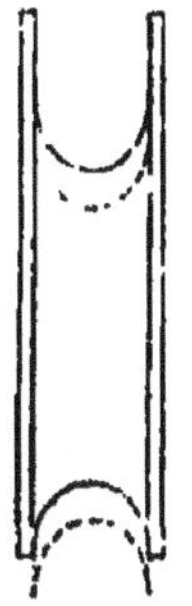

13. Il n'est pas inutile de donner un second exemple pour mieux justifier les réflexions qui précèdent.

Supposons une paroi plane qui retienne un liquide, et calculons la force produite par la capillarité sur cette paroi; cette paroi a d'ailleurs une inclinaison quelconque sur l'horizon et le liquide la rencontre suivant une droite horizontale l. Donnons (*fig.* 3) à tous les points de

Fig. 3.

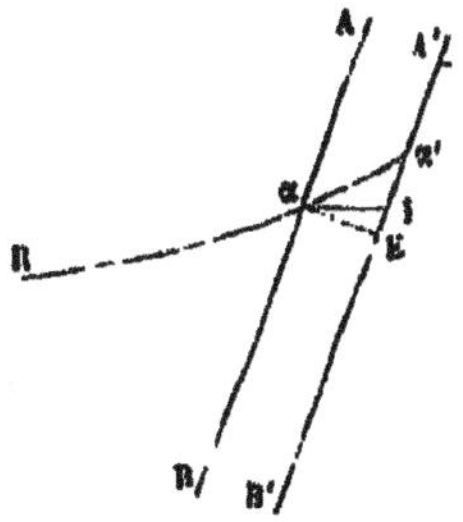

la paroi plane AB des déplacements virtuels rectilignes, égaux, parallèles et de grandeur égale à δh; nous supposons δh oblique à la paroi, mais perpendiculaire à la ligne l. La paroi plane vient ainsi de AB en A'B'.

On peut supposer que le liquide s'étend à l'infini du côté de R, en sorte qu'il ne s'abaissera que d'une quantité négligeable. Conformément à ce qui vient d'être dit, nous devons supposer que dans ce mouvement le liquide ne subit pas un changement fini de courbure, et que l'angle de raccordement sur A'B' soit i comme sur AB, à un infiniment petit près. Prolongeons donc la surface αR jusqu'en α' de manière qu'elle fasse avec la paroi A'B' un angle qui diffère infiniment peu de i. Supposons que αI représente δh et αE la perpendiculaire commune aux deux plans. Désignons aussi par P la somme des composantes suivant Iα des forces appliquées à la paroi et par γ l'angle $\alpha'\alpha$I.

Appliquons le principe des vitesses virtuelles; nous aurons

$$(a) \qquad \delta\int z\,d\varpi + \mathrm{M}\,\delta\sigma + \mathrm{N}\,\delta\Omega - \frac{1}{g\rho}\,\mathrm{P}\,l\,\delta h = 0,$$

en désignant par l la largeur de la paroi; nous avons ensuite

$$\delta\sigma = \alpha\alpha' \times l = \frac{\sin(\gamma+i)}{\sin i}\,l\,\delta h,$$

$$\delta\Omega = \alpha'\mathrm{I} \times l = \frac{\sin\gamma}{\sin i}\,l\,\delta h.$$

Nous avons

$$\mathrm{N} = -\mathrm{M}\cos i,$$

et nous en concluons

$$\mathrm{M}\,\delta\sigma + \mathrm{N}\,\delta\Omega = \mathrm{M}\,l\cos\gamma\,\delta h.$$

$\delta\int z\,d\varpi$, dans l'équation (a), correspond à la pression hydrostatique qui a lieu en dehors des forces capillaires; nous obtenons donc pour la composante de la force capillaire suivant Iα

$$g\rho\mathrm{M}\,l\cos\gamma.$$

On en conclut que la paroi est sollicitée par une force normale à l, tangente à la surface du liquide et égale à $g\rho$M par unité de largeur.

Il est aisé de voir qu'on arriverait à un résultat différent et inexact, si l'on eût appliqué le principe des vitesses virtuelles en prenant autrement l'accroissement de la surface libre du liquide. Si, par exemple, on prenait cet accroissement suivant αI au lieu de le prendre suivant $\alpha\alpha'$, on aurait

$$\delta\Omega = 0, \quad \delta\sigma = l\,\delta h,$$

$$\mathrm{M}\,\delta\sigma + \mathrm{N}\,\delta\Omega = \mathrm{M}\,l\,\delta h,$$

et l'on trouverait que la composante de la force capillaire suivant αI est $g\rho\mathrm{M}l$: ce qui est faux.

Force capillaire normale à la surface d'un liquide et tension à cette surface.

14. Nous avons, pour l'équation de la surface capillaire d'un liquide (n° 8),

$$g\rho M\left(\frac{1}{R}+\frac{1}{R_1}\right)=g\rho(z-h)+\Pi.$$

Reportons-nous à l'équation $\delta U = 0$ du principe des vitesses virtuelles dont nous l'avons tirée, et qui peut s'écrire

$$-g\rho\int(z-h)\delta n\,d\sigma-\int\Pi\,\delta n\,d\sigma+g\rho\int M\left(\frac{1}{R}+\frac{1}{R_1}\right)dn\,d\sigma=0.$$

Le premier et le deuxième terme représentent la somme des moments virtuels qui proviennent de la pesanteur et de la pression Π d'un gaz sur la surface capillaire. Le troisième terme représente une somme de moments virtuels de forces agissant sur la surface et représentées sur chaque élément $d\sigma$ par

$$g\rho M\left(\frac{1}{R}+\frac{1}{R_1}\right)d\sigma;$$

cette force élémentaire agit suivant l'élément δn de normale extérieure au liquide, si $\frac{1}{R}+\frac{1}{R_1}$ est positif ou si le plus petit rayon de courbure principal est extérieur au volume du liquide, et en sens contraire si $\frac{1}{R}+\frac{1}{R_1}$ est négatif. Ainsi, la courbure de la surface produit une force normale égale à

$$g\rho M\left(\frac{1}{R}+\frac{1}{R_1}\right),$$

qui agit dans la concavité de la surface si les deux rayons de courbure sont de même sens, et du côté du rayon le plus petit s'ils sont de sens contraire.

15. Nous avons trouvé (n° 6), pour la fonction de forces,

$$U=-g\rho\int z\,d\varpi+A-g\rho M\sigma-g\rho N\Omega.$$

Si nous supposons une déformation très petite de la masse liquide q
altère les quantités σ et Ω, il en résultera un travail représenté par

$$\delta U = -g\rho\,\delta\!\int z\,d\varpi - g\rho M\,\delta\sigma - g\rho N\,\delta\Omega.$$

Si la surface Ω reste la même et que le centre de gravité de la mas
liquide ne change pas sensiblement de hauteur, ce qui rend insensil
le premier terme, on aura simplement

$$\delta U = -g\rho M\,\delta\sigma.$$

Ce sera le travail provenant de la seule déformation de la surface libı
Si la surface libre du liquide diminue, il se fait un travail positif i
diqué par la variation de la fonction U; ce travail se changera en u
petite quantité de chaleur qui élèvera la température du liquide; cet
quantité de chaleur se calculera facilement d'après le principe de
transformation du travail en chaleur. De même, à l'accroissement de
surface libre du liquide correspondra un petit abaissement de temp
rature.

Supposons une membrane plane, dont l'épaisseur très mince est
et qui est tendue dans tous les sens par une force constante : cette te
sion s'exercera dans toute l'épaisseur; représentons par s le contour
la membrane : la tension sur la longueur ds pourra être représentée p
$T\epsilon\,ds$, et, si nous désignons par δn le déplacement normal à s, le trav
correspondant sera $-T\epsilon\,ds\,\delta n$. Faisons la somme de tous ces trava
élémentaires et remarquons que $\int \delta n\,ds$ est la variation $\delta\sigma$ de la su
face d'un des côtés de la membrane : nous aurons $-T\epsilon\,\delta\sigma$ pour ce tı
vail. Supposons ensuite que la membrane ne soit pas plane, qu'elle s
étendue sur un corps solide, sur lequel elle s'applique exactement,
qu'elle soit tirée sur ses bords par une force normale constante. Il su
fira alors de la diviser en éléments plans auxquels ce qui précède so
applicable, et l'on arrivera au même résultat.

Si nous appelons la quantité $T\epsilon$ la tension de la membrane, no
voyons que, dans le travail provenant de l'accroissement de la surfa
libre du liquide, la quantité $g\rho M$ est analogue à la tension de la mem
brane. On doit aussi la considérer comme s'exerçant non à la surfac
mais à une profondeur tellement petite, que les résultats du calcul n
sont pas altérés si l'on fait abstraction de cette épaisseur. C'est ain

que, dans la Théorie mathématique de l'électricité statique, on fait abstraction de l'épaisseur de la couche électrique.

La tension à la surface du liquide, selon ce que nous avons vu (n° 13), exercera sur la paroi une action dont la direction, en chaque point de l'intersection de la surface avec cette paroi, sera tangente à la surface du liquide.

D'après l'expérience, la tension superficielle d'un liquide peut changer considérablement, sans que sa nature soit sensiblement altérée. Il suffit, par exemple, que la couche superficielle de l'eau renferme quelques traces d'alcool provenant de l'évaporation de ce liquide placé dans le voisinage; il suffit encore que la couche superficielle du mercure renferme des traces d'oxydation. La théorie exposée aux n°s 4, 5 et 6 reste applicable; on concevra seulement que la couche superficielle du liquide, que nous avons supposée d'une autre densité que le reste du liquide, soit aussi d'une composition chimique un peu différente, et tous les raisonnements resteront les mêmes.

CHAPITRE II.

ÉLÉVATION OU DÉPRESSION D'UN LIQUIDE AUPRÈS D'UNE PAROI.

Équation aux différences partielles de la surface du liquide.

1. Les rayons de courbure principaux d'une surface sont donnés par l'équation du second degré

$$(rt-s^2)R^2-[(1+p^2)t+(1+q^2)r-2pqs]\sqrt{1+p^2+q^2}\,R+(1+p^2+q^2)^2=0,$$

en posant

$$p=\frac{dz}{dx},\quad q=\frac{dz}{dy},\quad r=\frac{d^2z}{dx^2},\quad s=\frac{d^2z}{dx\,dy},\quad t=\frac{d^2z}{dy^2}.$$

En établissant cette équation, on regarde les rayons de courbure principaux comme positifs ou négatifs, suivant qu'ils font un angle aigu ou obtus avec les z positifs. D'après cette équation, on a, pour la somme des inverses de ces rayons de courbure,

$$\frac{1}{R}+\frac{1}{R_1}=\frac{(1+p^2)t+(1+q^2)r-2pqs}{(1+p^2+q^2)^{\frac{3}{2}}}.$$

Désignons par a^2 la quantité positive représentée par M dans le Chapitre précédent; alors l'équation de la surface capillaire (n° 8)

$$a^2\left(\frac{1}{R}+\frac{1}{R_1}\right)=z-h \tag{1}$$

deviendra

$$\frac{(1+p^2)t+(1+q^2)r-2pqs}{(1+p^2+q^2)^{\frac{3}{2}}}=\frac{1}{a^2}(z-h). \tag{2}$$

Nous rappelons que l'axe des z est vertical et mené de bas en haut.

Dans l'équation (1), R et R_1 sont supposés positifs ou négatifs, suivant que ces rayons de courbure sont dirigés vers l'extérieur ou vers l'intérieur du liquide (Chap. I, n° 8). Si donc l'un des deux rayons de courbure est extérieur au liquide et fait un angle aigu avec les z positifs, les valeurs de $\frac{1}{R}+\frac{1}{R_1}$, calculées des deux manières précédentes, ont le même signe, et l'on a bien l'équation (2). Il en est de même si l'un des rayons de courbure est intérieur au liquide et fait un angle obtus avec les z positifs. Dans les cas différents des précédents, il faudrait changer de signe le second membre de la formule (2).

Un tube étant plongé dans un liquide indéfini, cette équation conviendra également à la surface du liquide intérieure au tube et à celle qui lui est extérieure. La constante h sera donc la valeur de z pour la *surface de niveau*, c'est-à-dire pour la partie de la surface du liquide assez éloignée du tube pour qu'elle puisse être considérée comme plane. En effet, en les points de cette surface, R et R_1 seront infinis et l'équation (1) se réduira à $z=h$.

2. Si la surface du liquide est de révolution autour de l'axe des z, prenons, au lieu de x, y, des coordonnées polaires, en faisant

$$r=\sqrt{x^2+y^2};$$

r sera la distance de chaque point à l'axe de révolution, et l'on aura

$$\frac{dz}{dx}=\frac{dz}{dr}\frac{x}{r},\quad \frac{dz}{dy}=\frac{dz}{dr}\frac{y}{r},$$

$$\frac{d^2z}{dx^2}=\frac{d^2z}{dr^2}\frac{x^2}{r^2}+\frac{dz}{dr}\frac{y^2}{r^3},\quad \frac{d^2z}{dx\,dy}=\frac{d^2z}{dr^2}\frac{xy}{r^2}-\frac{dz}{dr}\frac{xy}{r^3},$$

$$\frac{d^2z}{dy^2}=\frac{d^2z}{dr^2}\frac{y^2}{r^2}+\frac{dz}{dr}\frac{x^2}{r^3};$$

on obtiendra donc, au lieu de l'équation (2), la suivante :

$$\frac{\dfrac{d^2z}{dr^2}+\dfrac{1}{r}\dfrac{dz}{dr}\left[1+\left(\dfrac{dz}{dr}\right)^2\right]}{\left[1+\left(\dfrac{dz}{dr}\right)^2\right]^{\frac{3}{2}}}=\frac{1}{a^2}(z-h).$$

On aurait pu former immédiatement cette équation en remarquant que les deux rayons de courbure principaux d'une surface de révolution sont le rayon de courbure du méridien et la grandeur de la normale à ce méridien, terminée à l'axe. On peut donc poser

$$R = \frac{\left[1 + \left(\frac{dz}{dr}\right)^2\right]^{\frac{3}{2}}}{\frac{d^2 z}{dr^2}}, \quad R_1 = r\sqrt{1 + \left(\frac{dr}{dz}\right)^2},$$

et il en résulte l'équation précédente.

Poids du liquide soulevé dans un tube cylindrique par l'effet de la capillarité.

3. Supposons d'abord un tube vertical plongé dans un liquide, et calculons la formule donnée par Laplace pour déterminer le volume du liquide soulevé dans ce tube, en suivant l'analyse de l'illustre géomètre.

L'équation (2) de la surface du liquide peut s'écrire ainsi :

$$\frac{(1+q^2)\frac{dp}{dx} + (1+p^2)\frac{dq}{dy} - pq\left(\frac{dp}{dy} + \frac{dq}{dx}\right)}{(1+p^2+q^2)^{\frac{3}{2}}} = \frac{1}{a^2}(z-h)$$

ou encore

$$\frac{d}{dx}\left(\frac{p}{\sqrt{1+p^2+q^2}}\right) + \frac{d}{dy}\left(\frac{q}{\sqrt{1+p^2+q^2}}\right) = \frac{1}{a^2}(z-h).$$

Posons, pour abréger l'écriture,

$$\frac{p}{\sqrt{1+p^2+q^2}} = T, \quad \frac{q}{\sqrt{1+p^2+q^2}} = V,$$

et cette équation devient

$$(3) \qquad \frac{dT}{dx} + \frac{dV}{dy} = \frac{1}{a^2}(z-h).$$

Multiplions cette équation par $dx\,dy$ et intégrons ensuite les deux membres, en étendant l'intégration à toute la section du cylindre ; nous aurons

$$(4)\qquad \iint \frac{dT}{dx}\,dx\,dy + \iint \frac{dV}{dy}\,dx\,dy = \frac{1}{a^2}\iint (z-h)\,dx\,dy.$$

Considérons la première intégrale double ; on peut d'abord y effectuer l'intégration par rapport à x, et l'on a

$$dy\int \frac{dT}{dx}\,dx = T_1\,dy - T_0\,dy,$$

les indices o et 1 indiquant qu'on prend la quantité T pour la plus petite et la plus grande valeur de x correspondant à une valeur de y. Cette formule donne la partie de l'intégrale double relative à une bande de largeur dy et parallèle à l'axe des x.

Désignons par ν l'angle de la normale au contour s de la section droite du cylindre avec l'axe des x, la normale étant menée extérieurement; désignons aussi par ds_1, ds_0 les arcs infiniment petits du contour qui terminent la bande; nous aurons

$$dy = ds_1\cos\nu_1,\quad dy = -\,ds_0\cos\nu_0,$$

ds_0, ds_1 et dy devant être regardés comme positifs. Nous avons donc

$$\iint \frac{dT}{dx}\,dx\,dy = \int T\cos\nu\,ds,$$

l'intégrale simple s'étendant à tout le contour de la section.

Nous pouvons transformer de la même manière la seconde intégrale double. Nous aurons d'abord, en intégrant le long d'une bande infiniment étroite, d'épaisseur dx et parallèle à l'axe des y,

$$dx\int \frac{dV}{dy}\,dy = V_1\,dx - V_0\,dx,$$

les indices ayant un sens analogue à celui qui a été indiqué ci-dessus, et, comme nous avons

$$dx = ds_1\sin\nu_1,\quad dx = -\,ds_0\sin\nu_0,$$

ds_0, ds_1 étant les arcs qui terminent cette bande, il en résulte

$$\iint \frac{dV}{dy}\,dx\,dy = \int V\sin\nu\,ds.$$

Le premier membre de l'équation (4) devient donc

$$\int \frac{p\cos v + q\sin v}{\sqrt{1+p^2+q^2}}\,ds,$$

l'intégrale s'étendant à tout le contour de la section.

Les cosinus des angles de la normale à la surface du liquide, menée intérieurement au liquide, et de la normale à la paroi menée dans cette paroi, sont respectivement

$$\frac{p}{\sqrt{1+p^2+q^2}},\quad \frac{q}{\sqrt{1+p^2+q^2}},\quad \frac{-1}{\sqrt{1+p^2+q^2}},$$
$$\cos v,\qquad \sin v,\qquad 0;$$

or cet angle des deux normales est précisément celui qui est désigné par i au n° 9 du Chapitre I; on a donc

$$\frac{p\cos v + q\sin v}{\sqrt{1+p^2+q^2}} = \cos i,$$

et, comme i est constant tout le long du contour, on a

$$\int \frac{p\cos v + q\sin v}{\sqrt{1+p^2+q^2}}\,ds = \cos i \int ds = l\cos i,$$

en désignant par l la longueur de ce contour.

Nous avons donc

$$\iint (z-h)\,dx\,dy = a^2 l\cos i.$$

La quantité h représente la coordonnée z pour la surface de niveau; le premier membre est donc égal au volume V du liquide soulevé dans le tube au-dessus de cette surface et l'on a

$$V = a^2 l \cos i. \tag{5}$$

Comme nous avons posé (Chap. I, n° 8)

$$\frac{1}{g\rho}\left(\frac{B}{2}+C\right) = a^2,$$

il en résulte aussi la formule

$$g\rho V = \left(\frac{B}{2} + C\right) l \cos i,$$

qui exprime le poids du liquide soulevé dans le tube. On voit que ce poids est proportionnel au contour de la section droite du tube.

Si l'angle i est obtus comme pour le mercure dans un tube de verre, la formule (5) donne pour V une valeur négative et indique la dépression du liquide dans le tube.

4. Supposons ensuite le tube capillaire incliné et faisant l'angle α avec la verticale (*fig.* 4).

Fig. 4.

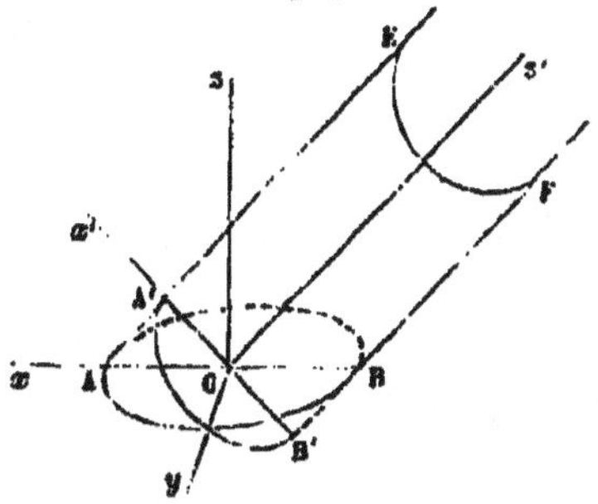

Soit G le centre de gravité de la section AB faite dans le tube par le plan de niveau du liquide. Menons par le point G la section droite A'B' du cylindre; soit Gy l'intersection de A'B' par le plan AB; menons les deux autres axes rectangulaires Gx, Gz; puis, dans le plan xGz, menons Gz' parallèle aux génératrices et Gx' rectangulaire sur Gz'.

D'après l'origine prise pour les axes, on a $h = 0$ et l'équation de la surface du liquide dans le tube est

$$(a) \qquad \frac{1}{R} + \frac{1}{R_1} = \frac{1}{a^2} z;$$

(x', y, z') étant les coordonnées d'un point de la surface du liquide par rapport aux axes Gx', Gy, Gz', on a

$$z = z' \cos\alpha + x' \sin\alpha.$$

Remplaçons z par sa valeur dans l'équation (a), puis multiplions ses

deux membres par $dx'\,dy'$ et intégrons dans toute l'étendue de la se
tion droite A'B'; nous aurons

$$(b)\qquad \cos\alpha\iint z'\,dx'\,dy' + \sin\alpha\iint x'\,dx'\,dy' = a^2\iint\left(\frac{1}{R}+\frac{1}{R_1}\right)dx'\,dy'.$$

Si le tube est capillaire, la coordonnée z' sera à très peu près la mên
en tous les points du bord du ménisque liquide (toutefois, par exempl
B'F sera plus grand que A'E dans un tube circulaire). En admetta
cette égalité, ce qui ne produira qu'une erreur très faible, on aur
d'après le calcul du numéro précédent,

$$\iint\left(\frac{1}{R}+\frac{1}{R_1}\right)dx'\,dy' = l\cos i.$$

En désignant par V le volume soulevé, on a

$$\iint z'\,dx'\,dy' = \mathrm{V} - \mathrm{vol\,AGA'} + \mathrm{vol\,GBB'} = \mathrm{V};$$

car, le point G étant le centre de gravité de la section AB, on a

$$\mathrm{vol\,AGA'} - \mathrm{vol\,GBB'} = 0;$$

pour la même raison on a

$$\iint x'\,dx'\,dy' = 0.$$

D'après tous ces résultats, la formule (b) devient

$$\mathrm{V}\cos\alpha = a^2 l\cos i.$$

Le volume soulevé varie donc en raison inverse de $\cos\alpha$, α étant l'angl
des génératrices du tube avec la verticale.

Le théorème donné par la formule (5) peut être étendu au liquid
soulevé dans l'espace compris entre deux tubes verticaux. Il est en effe
aisé de voir que le raisonnement qui a conduit à cette formule est entièrement applicable. Supposons que les deux tubes soient de mêm
matière, en sorte que la quantité i soit la même pour les deux tubes.
Alors, en désignant par l le contour de la section droite du cylindre intérieur du tube extérieur, et par l' le contour de la section droite du
cylindre extérieur de l'autre tube, on aura pour le volume soulevé entre
ces deux tubes

$$\mathrm{V} = a^2(l + l')\cos i.$$

Élévation ou dépression d'un liquide auprès d'une lame verticale, plongée dans ce liquide.

5. L'axe des z étant toujours supposé vertical et mené de bas en haut à la surface de la plaque dont la largeur est supposée indéfinie, ou du moins assez grande pour qu'on puisse négliger ce qui a lieu aux extrémités, menons l'axe des y horizontal dans la surface de la plaque, et l'axe des x perpendiculaire à cette surface. Le liquide affecte alors la forme d'un cylindre de révolution dont les génératrices sont parallèles à l'axe des y. La coordonnée z étant indépendante de y, l'équation de la surface du liquide devient

$$\frac{\frac{d^2z}{dx^2}}{\left[1+\left(\frac{dz}{dx}\right)^2\right]^{\frac{3}{2}}} = \frac{1}{a^2}(z-h).$$

En intégrant, on a, C étant une constante arbitraire,

$$\frac{1}{\left[1+\left(\frac{dz}{dx}\right)^2\right]^{\frac{1}{2}}} = C - \frac{1}{2a^2}(z-h)^2.$$

Si nous comptons les z à partir de la surface de niveau, h sera nul et, pour $z = 0$, nous aurons $\frac{dz}{dx} = 0$ et par suite $C = 1$. Nous obtenons donc

(A)
$$\frac{1}{\left[1+\left(\frac{dz}{dx}\right)^2\right]^{\frac{1}{2}}} = 1 - \frac{1}{2a^2}z^2.$$

Il en résulte

$$\pm dx = \frac{(2a^2 - z^2)dz}{z\sqrt{4a^2 - z^2}}$$

et, en intégrant, on a

(B)
$$\pm x = \sqrt{4a^2 - z^2} + a \log \frac{\sqrt{4a^2 - z^2} + 2a}{z} + \text{const.}$$

D'après cette formule, pour $z = 0$, x sera infini ; la surface du liquide est donc asymptotique au plan des x, y. Toutefois, à une petite distance de la plaque, cette surface sera à très peu près plane et horizontale.

i étant l'angle de raccordement de la surface du liquide avec la plaque, la formule (A) donnera, pour la hauteur h contre la lame,

$$\sin i = 1 - \frac{h^2}{2a^2}, \quad h = \pm a\sqrt{2(1-\sin i)} = \pm 2a \sin\left(\frac{\pi}{4} - \frac{i}{2}\right),$$

le signe $\pm$ ayant lieu suivant que le liquide s'élève ou s'abaisse contre la plaque.

Si le liquide mouille le tube, on a $i = 0$, et il s'élève contre la plaque à la hauteur $a\sqrt{2}$.

Si la lame est inclinée (*fig.* 5), désignons par v l'angle EBF de cette

Fig. 5.

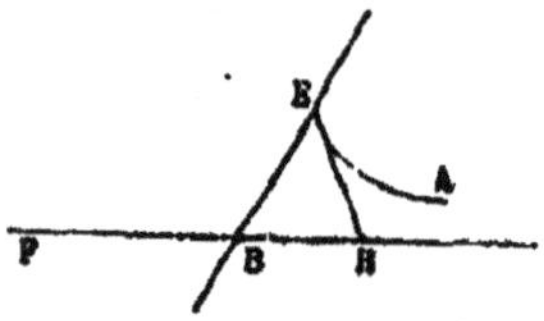

lame avec l'horizon BF; menons la tangente EH à la section droite EA: le premier membre de l'équation (A) est égal à cos EHB; on a EHB $= v - i$, et l'on déduira de l'équation (A), pour la hauteur verticale contre la lame,

$$h = 2a \sin\frac{v - i}{2}.$$

6. Hagen a vérifié que la hauteur à laquelle l'eau s'élève contre une lame verticale au-dessus du niveau est indépendante de la nature de cette lame, pourvu qu'elle ait été au préalable convenablement mouillée par ce liquide. En prenant de l'eau distillée ou de l'eau de fontaine, il a trouvé, pour cette hauteur, quand la surface de l'eau est fraiche,

$$h = a\sqrt{2} = 3^{mm},49;$$

d'où l'on déduit $a^2 \doteq 6,1$. Mais cette hauteur décroissait assez vite et descendait à $3^{mm},09$, ce qui donne $a^2 = 4,77$. Le nombre 6,1, comme nous verrons plus loin, est trop faible, ce qui prouve que l'expérience qui a donné ce nombre n'a pu être conduite assez rapidement.

Hagen, ayant mesuré par l'expérience les ordonnées de la courbe capillaire, provenant de l'immersion d'une lame de verre verticale, a trouvé :

$x = 0^{mm},00,\ 0^{mm},70,\ 1^{mm},42,\ 2^{mm},12,\ 2^{mm},84,\ 3^{mm},54,\ 4^{mm},24,\ 5^{mm},26,\ 7^{mm},06,$
$z = 3^{mm},09,\ 1^{mm},58,\ 1^{mm},10,\ 0^{mm},77,\ 0^{mm},54,\ 0^{mm},41,\ 0^{mm},27,\ 0^{mm},16,\ 0^{mm},09,$

qui sont très conformes à la formule (B), en prenant $a^2 = 4,77$.

Élévation ou dépression d'un liquide entre deux plaques fixes, planes, verticales et parallèles, qui y sont plongées.

7. Supposons deux lames planes, verticales, maintenues fixes et parallèles; nous les regardons encore comme très larges. La figure de la surface liquide en dehors des deux lames a été obtenue ci-dessus; il reste à déterminer cette figure à l'intérieur des deux lames.

Mettons l'origine des coordonnées sur le plan de niveau et l'axe des x perpendiculaire aux plaques; alors l'équation de la surface du liquide sera, comme au n° 5,

$$\text{(A)}\qquad \frac{\dfrac{d^2 z}{dx^2}}{\left[1+\left(\dfrac{dz}{dx}\right)^2\right]^{\frac{3}{2}}} = \frac{z}{a^2}.$$

En intégrant, on obtient, C étant une constante arbitraire,

$$\frac{1}{\left[1+\left(\dfrac{dz}{dx}\right)^2\right]^{\frac{1}{2}}} = C - \frac{z^2}{2a^2},$$

$$dx = \frac{\left(C - \dfrac{z^2}{2a^2}\right)dz}{\pm\sqrt{1-\left(C-\dfrac{z^2}{2a^2}\right)^2}},$$

et la dernière intégration conduit à des intégrales elliptiques.

Mais reprenons la question autrement. Menons la section droite de la surface cylindrique du liquide, et désignons par φ l'angle de la tangente avec un plan horizontal. L'expression du rayon de courbure sera $\frac{ds}{d\varphi}$, ds étant l'élément de la courbe et l'équation (A) deviendra

(B) $$\frac{d\varphi}{ds} = \frac{z}{a^2}.$$

On a d'ailleurs

$$\frac{dz}{ds} = \sin\varphi, \quad \frac{dx}{ds} = \cos\varphi.$$

Différentions l'équation (B), nous aurons

$$\frac{d^2\varphi}{ds^2} = \frac{1}{a^2}\sin\varphi,$$

et, en intégrant,

(C) $$\frac{1}{2}\left(\frac{d\varphi}{ds}\right)^2 = \frac{1}{a^2}(C - \cos\varphi),$$

C étant une constante arbitraire. On en conclut

$$ds = \frac{a}{\sqrt{2}}\frac{d\varphi}{\sqrt{C - \cos\varphi}},$$

(D) $$dx = \frac{a}{\sqrt{2}}\frac{\cos\varphi\, d\varphi}{\sqrt{C - \cos\varphi}},$$

(D') $$dz = \frac{a}{\sqrt{2}}\frac{\sin\varphi\, d\varphi}{\sqrt{C - \cos\varphi}}.$$

8. *En premier lieu*, supposons que le liquide s'élève contre chacune des lames prise isolément. Faisons passer l'axe des z par le point le plus

Fig. 6.

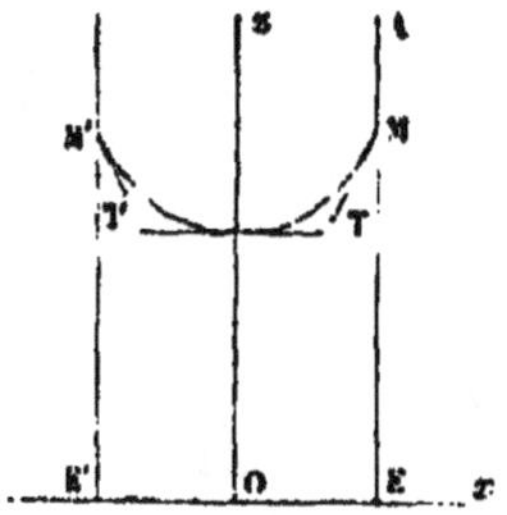

bas de la courbe, et mettons l'axe des x sur la surface de niveau (*fig.* 6).

Désignons par z_0 la coordonnée z du point le plus bas; nous avons, pour $z = z_0$,

$$\varphi = 0.$$

Égalant les valeurs de $\frac{d\varphi}{ds}$ fournies par les équations (B), (C), on a

$$z = a\sqrt{2}\sqrt{C - \cos\varphi}$$

et

$$\text{(E)} \qquad z_0 = a\sqrt{2}\sqrt{C - 1}.$$

Soient e, e' les distances de l'axe des z aux deux lames, et soient i, i' les angles de raccordement TME, T'M'E'. Pour $x = e$, nous aurons $\varphi = \frac{\pi}{2} - i$ et, pour $x = -e'$, $\varphi = -\frac{\pi}{2} + i'$.

En intégrant la formule (D), on a

$$x = \frac{a}{\sqrt{2}}\left(C\int_0^{\varphi} \frac{d\varphi}{\sqrt{C - \cos\varphi}} - \int_0^{\varphi} \sqrt{C - \cos\varphi}\, d\varphi\right).$$

Pour donner à ces intégrales elliptiques la forme canonique adoptée par Legendre, posons

$$\varphi = \pi - 2\psi,$$

nous aurons

$$C - \cos\varphi = C + \cos 2\psi = C + 1 - 2\sin^2\psi = (C+1)\left(1 - \frac{2}{C+1}\sin^2\psi\right).$$

D'après la formule (E), C est > 1; si donc on fait

$$\frac{2}{C+1} = k^2,$$

k sera < 1 et l'on aura

$$x = \frac{(2-k^2)a}{k}\int_{\psi}^{\frac{\pi}{2}} \frac{d\psi}{\sqrt{1 - k^2\sin^2\psi}} - \frac{2a}{k}\int_{\psi}^{\frac{\pi}{2}} \sqrt{1 - k^2\sin^2\psi}\, d\psi.$$

Pour $x = e$, on a $\varphi = \frac{\pi}{2} - i$ et, par suite, $\psi = \frac{\pi}{4} + \frac{i}{2}$; on en conclut la première de ces formules

$$e = \frac{2-k^2}{k}a\int_{\frac{\pi}{4}+\frac{i}{2}}^{\frac{\pi}{2}} \frac{d\psi}{\sqrt{1 - k^2\sin^2\psi}} - \frac{2a}{k}\int_{\frac{\pi}{4}+\frac{i}{2}}^{\frac{\pi}{2}} \sqrt{1 - k^2\sin^2\psi}\, d\psi,$$

$$e' = \frac{2-k^2}{k}a\int_{\frac{\pi}{4}+\frac{i'}{2}}^{\frac{\pi}{2}} \frac{d\psi}{\sqrt{1 - k^2\sin^2\psi}} - \frac{2a}{k}\int_{\frac{\pi}{4}+\frac{i'}{2}}^{\frac{\pi}{2}} \sqrt{1 - k^2\sin^2\psi}\, d\psi,$$

$$e + e' = l,$$

la seconde se déduisant de la première en changeant les deux quantités e, i en e', i'. En ajoutant ces deux équations et remplaçant $e + e'$ par l, on obtiendra une équation qui ne renfermera plus que l'inconnue k. Si l'on en déduit k, on aura ensuite e et e' par les mêmes équations, puis on aura, pour la hauteur du point le plus bas,

$$(J) \qquad z_0 = 2a\frac{\sqrt{1-k^2}}{k},$$

et, pour les valeurs de z sur les lames,

$$a\sqrt{2}\sqrt{\frac{2}{k^2} - 1 - \sin i},$$

$$a\sqrt{2}\sqrt{\frac{2}{k^2} - 1 - \sin i'}.$$

9. Dans le cas particulier où $i' = i$, on a $e = \frac{l}{2}$ et k est déterminé par l'équation suivante :

$$(\mathrm{F}) \qquad \frac{l}{2} = \frac{2-k^2}{k}\, a\int_{\frac{\pi}{4}+\frac{i}{2}}^{\frac{\pi}{2}} \frac{d\psi}{\sqrt{1-k^2\sin^2\psi}} - \frac{2a}{k}\int_{\frac{\pi}{4}+\frac{i}{2}}^{\frac{\pi}{2}} \sqrt{1-k^2\sin^2\psi}\,d\psi.$$

Supposons que la distance entre les deux lames soit très petite et cherchons à calculer k au moyen de cette formule. La distance l étant très petite, la hauteur z_0 du point le plus bas de la section deviendra très grande par rapport à a, et il résulte de la formule qui détermine z_0 que le module k sera très petit. Nous pourrons donc développer le second membre de la formule (F) suivant les puissances de k, en négligeant les termes multipliés par k^5.

Nous aurons

$$\int(1-k^2\sin^2\psi)^{-\frac{1}{2}}d\psi = \left(1+\frac{k^2}{4}+\frac{9}{64}k^4\right)\psi - \left(\frac{k^2}{8}+\frac{3}{32}k^4\right)\sin 2\psi + \frac{3}{256}k^4\sin 4\psi,$$

$$\int(1-k^2\sin^2\psi)^{\frac{1}{2}}d\psi = \left(1-\frac{k^2}{4}-\frac{3}{64}k^4\right)\psi + \left(\frac{k^2}{8}+\frac{k^4}{32}\right)\sin 2\psi - \frac{1}{256}k^4\sin 4\psi.$$

Prenons ces intégrales entre $\frac{\pi}{4}+\frac{i}{2}$ et $\frac{\pi}{2}$, puis substituons dans (F), nous aurons

$$\frac{l}{2a} = \frac{2-k^2}{k}\left(1+\frac{k^2}{4}+\frac{9}{64}k^4\right)\left(\frac{\pi}{4}-\frac{i}{2}\right) - \frac{2}{k}\left(1-\frac{k^2}{4}-\frac{3}{64}k^4\right)\left(\frac{\pi}{4}-\frac{i}{2}\right)$$
$$+(2-k^2)\left[\left(\frac{k}{8}+\frac{3}{32}k^3\right)\cos i+\frac{3}{256}k^3\sin 2i\right]$$
$$+\left(\frac{k}{4}+\frac{k^3}{16}\right)\cos i+\frac{1}{128}k^3\sin 2i$$

et, en ordonnant par rapport à k,

$$\frac{l}{a} = k\cos i + \frac{k^3}{4}\left(\cos i+\frac{\pi}{4}-\frac{i}{2}+\frac{1}{4}\sin 2i\right).$$

Par première approximation, on a, pourvu que i ne soit pas voisin de $\frac{\pi}{2}$,

$$k = \frac{l}{a\cos i},$$

et, en remplaçant k par cette valeur dans les termes du troisième degré par rapport à k, on obtient

$$k = \frac{l}{a\cos i} - \frac{l^3}{4a^3\cos^4 i}\left(\cos i+\frac{1}{4}\sin 2i+\frac{\pi}{4}-\frac{i}{2}\right).$$

D'après la formule (f), on a, pour la hauteur du point le plus bas du ménisque, en négligeant les termes de l'ordre $\frac{l^2}{a^2}$,

$$\text{(G)}\quad z_0 = 2a\left(\frac{1}{k}-\frac{k}{2}\right) = \frac{2a^2\cos i}{l} + \left(\frac{1}{4}\sin 2i+\frac{\pi}{4}-\frac{i}{2}-\cos i\right)\frac{l}{2\cos^2 i},$$

et, pour la hauteur du liquide contre les lames,

$$2a\left(\frac{1}{k}-\frac{1+\sin i}{4}k\right) = \frac{2a^2\cos i}{l} + \left(-\sin i\cos i+\frac{\pi}{2}-i\right)\frac{l}{4\cos^2 i}.$$

Si le liquide mouille les deux lames, en sorte qu'on ait $i = 0$, on aura

$$k = \frac{l}{a} - \frac{\pi+4}{16}\frac{l^3}{a^3},$$
$$z_0 = \frac{2a^2}{l} - \frac{4-\pi}{8}l,$$

et la hauteur du liquide contre les lames sera égale à

$$\frac{2a^2}{l} + \frac{\pi}{8} l.$$

10. On peut, comme l'a fait Hagen, déterminer la quantité a^2, en observant l'élévation d'un liquide entre deux lames verticales parallèles et très rapprochées.

Supposons que i et i' soient nuls, en sorte que le liquide mouille les deux lames, et représentons par z' la hauteur à laquelle le liquide s'élève dans cet intervalle contre les lames; nous aurons

$$z_0 = \frac{2a}{k}\sqrt{1-k^2}, \quad z' = a\sqrt{\frac{4}{k^2} - 2}$$

et, par suite,

$$\text{(H)} \qquad a^2 = \tfrac{1}{2}(z'^2 - z_0^2).$$

Hagen prit d'abord pour liquide l'eau et il vérifia, comme lorsqu'il n'employait qu'une lame, la diminution considérable de la quantité a^2, lorsque l'expérience est prolongée; il trouva 7,59 pour la valeur maximum de a^2. Il fit des expériences semblables pour l'alcool et l'huile d'olive, et il trouva au contraire que l'élévation contre les lames et la quantité a^2 ont diminué très peu, après plusieurs heures.

En employant la formule (H), il a trouvé

		Poids spécifique.	Tension à la surface.
Alcool...........	$a^2 = 2,96$	$g\rho = 0,797$	$g\rho a^2 = 2,36$
Huile d'olive.....	$a^2 = 3,77$	$g\rho = 0,913$	$g\rho a^2 = 3,44$

La température était d'environ 19° C.

Si l'eau s'est abaissée peu à peu entre les lames, il faut l'attribuer surtout à ce que l'eau qui se trouvait sur les lames a dû s'évaporer, en sorte qu'elles ont cessé d'être mouillées et que l'angle i n'a plus été égal à zéro; d'ailleurs, si l'angle i n'est plus nul, cette expérience ne donne plus a^2.

11. *En second lieu*, supposons que le liquide s'abaisse auprès de chacune des lames prises isolément. Les angles i et i', que fait le plan tangent au liquide avec la surface du tube en contact avec le liquide,

sont obtus. Désignons par j et j' les suppléments de ces angles. Alors la théorie précédente est entièrement applicable et la surface du liquide est la symétrique, par rapport au plan de niveau, de celle du premier cas, les angles i et i' étant remplacés par j et j'.

Ainsi k s'obtiendra comme ci-dessus; la valeur de x restera la même et l'on aura

$$z = -a\sqrt{2}\sqrt{\frac{2}{k^2} - 1 - \cos\varphi}, \quad z_0 = -2a\frac{\sqrt{1-k^2}}{k},$$

z_0 étant la coordonnée z du point le moins déprimé du ménisque.

Si $i' = i$ et que l soit très petit par rapport à a, on aura, d'après la formule (G),

$$z_0 = -\frac{2a^2\cos j}{l} - \left(\tfrac{1}{4}\sin 2j + \frac{\pi}{4} - \frac{j}{2} - \cos j\right)\frac{l}{2\cos^2 j}$$

et, pour l'abaissement du liquide contre les lames,

$$\frac{2a^2\cos j}{l} + \left(-\sin j\cos j + \frac{\pi}{2} - j\right)\frac{l}{4\cos^2 j}.$$

12. *En troisième lieu*, supposons que l'angle i soit aigu et l'angle i' obtus.

En général, la section droite aura un point d'inflexion. Faisons passer l'axe des z par ce point et mettons l'origine des coordonnées sur le plan de niveau. Au point d'inflexion le rayon de courbure est infini; donc l'équation (B) donne $z = 0$ pour ce point, qui sera donc à l'origine des coordonnées. Désignons par φ_0 la valeur de φ en ce point; nous déduirons de l'équation (C)

$$C = \cos\varphi_0.$$

En posant encore

$$\varphi = \pi - 2\psi,$$

on aura

$$\frac{d\varphi}{\sqrt{C - \cos\varphi}} = \frac{-2\,d\psi}{\sqrt{1 + \cos\varphi_0 - 2\sin^2\psi}}$$

et, en faisant

$$\sin\psi = \sqrt{\frac{1+\cos\varphi_0}{2}}\sin\theta,$$

puis, remplaçant dans la formule précédente, on obtient

$$\frac{d\varphi}{\sqrt{C - \cos\varphi}} = -\sqrt{2}\,\frac{d\theta}{\sqrt{1 - k^2\sin^2\theta}}$$

avec

$$k = \cos\frac{\varphi_0}{2}.$$

D'après les formules (D) et (D′), on a

$$z = a\sqrt{2}\sqrt{C - \cos\varphi},$$
$$x = \frac{a}{\sqrt{2}}\int_{\varphi_0}^{\varphi}\frac{\cos\varphi\,d\varphi}{\sqrt{C - \cos\varphi}};$$

on trouve d'ailleurs

$$\sqrt{C - \cos\varphi} = k\sqrt{2}\cos\theta,$$
$$\cos\varphi = 2k^2\sin^2\theta - 1,$$
$$\frac{\cos\varphi\,d\varphi}{\sqrt{C - \cos\varphi}} = \frac{\left(-2\sqrt{2}\,k^2\sin^2\theta + \sqrt{2}\right)d\theta}{\sqrt{1 - k^2\sin^2\theta}}$$
$$= 2\sqrt{2}\sqrt{1 - k^2\sin^2\theta}\,d\theta - \frac{\sqrt{2}\,d\theta}{\sqrt{1 - k^2\sin^2\theta}}.$$

Remarquons ensuite qu'on a

$$\cos\frac{\varphi}{2} = \sin\psi = k\sin\theta = \cos\frac{\varphi_0}{2}\sin\theta,$$

et que, par suite, pour $\varphi = \varphi_0$, on a $\theta = \frac{\pi}{2}$, et les valeurs ci-dessus de z et x deviendront

$$z = 2ak\cos\theta,$$
$$x = a\int_0^{\frac{\pi}{2}}\frac{d\theta}{\sqrt{1 - k^2\sin^2\theta}} - 2a\int_0^{\frac{\pi}{2}}\sqrt{1 - k^2\sin^2\theta}\,d\theta.$$

Désignons encore par e la distance de l'origine des coordonnées à la lame qui correspond à l'angle i; on calculera k et e, en raisonnant comme dans le premier cas. Si nous désignons par z_1 et z_2 la hauteur du liquide contre la première et la seconde lame, nous aurons

$$z_1 = 2a\sqrt{k^2 - \cos^2\left(\frac{\pi}{4} - \frac{i}{2}\right)}, \quad z_2 = -2a\sqrt{k^2 - \cos^2\left(\frac{\pi}{4} - \frac{i'}{2}\right)}.$$

13. Si le liquide s'élève sur une des lames et s'abaisse auprès de l'autre, lorsqu'on rapprochera suffisamment les lames, le point d'inflexion disparaîtra, à moins que l'angle obtus i' ne soit le supplément de i.

Représentons $\pi - i'$ par j'; nous aurons

$$z_2 = -2a\sqrt{k^2 - \cos^2\left(\frac{\pi}{4} - \frac{j'}{2}\right)}.$$

Si, par exemple, i est $< j'$, la valeur absolue de z_1 est plus grande que celle de z_2, le liquide s'élèvera plus contre la première lame qu'il ne s'abaissera contre la seconde. A mesure qu'on les rapprochera, k diminuera, et pour

$$k = \cos\left(\frac{\pi}{4} - \frac{j'}{2}\right),$$

on a $z_2 = 0$. Le point d'inflexion, qui est à la hauteur du niveau, se trouve alors sur la seconde lame. En rapprochant encore les lames, toute la surface du liquide qui y est renfermée s'élèvera au-dessus du niveau, et il faudra modifier l'analyse précédente. Nous allons voir qu'on peut se servir des formules du premier cas, où les angles i et i' sont aigus.

Soit C le point le plus bas de la section droite (*fig.* 7). Menons le

Fig. 7.

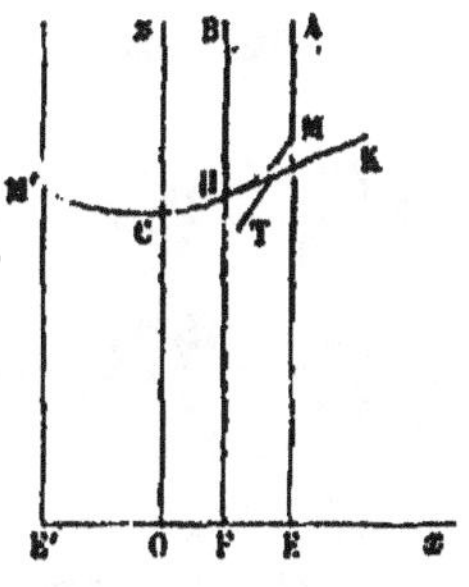

plan BF parallèle au plan AE, entre la lame AE et le point C, puis menons la tangente HK; l'angle KHF, que nous appellerons i_1, est obtus, tandis que l'angle TME, qui représente l'angle i est aigu, et l'on a $i < \pi - i_1$.

Remplaçons ensuite le plan BF par une lame pour laquelle l'angle de raccordement avec le liquide soit précisément égal à i_1. Il est évident que le liquide se maintiendra jusqu'à la surface HM; car la surface HM représente bien une surface capillaire, et les deux conditions relatives aux angles de raccordement sont satisfaites.

On pourra donc, en prenant encore pour origine des abscisses celle du point C, appliquer la formule du premier cas

$$x = \frac{2-k^2}{k} a\left[F\left(\frac{\pi}{2}, k\right) - F(\psi, k)\right] - \frac{2a}{k}\left[E\left(\frac{\pi}{2}, k\right) - E(\psi, k)\right],$$

en posant, d'après la notation de Legendre,

$$\int_0^\psi \frac{d\psi}{\sqrt{1-k^2\sin^2\psi}} = F(\psi, k), \quad \int_0^\psi \sqrt{1-k^2\sin^2\psi}\, d\psi = E(\psi, k).$$

Pour $x = OE = e$, on a $\varphi = \frac{\pi}{2} - i$, $\psi = \frac{\pi}{4} + \frac{i}{2}$ et, pour $x = OF = e_1$, on a $\varphi = i_1 - \frac{\pi}{2}$, $\psi = \frac{3\pi}{4} - \frac{i_1}{2}$. Donc l'équation précédente devient, pour $x = e$ et $x = e_1$,

$$e = \frac{2-k^2}{k} a\left[F\left(\frac{\pi}{2}, k\right) - F\left(\frac{\pi}{4} + \frac{i}{2}, k\right)\right] - \frac{2a}{k}\left[E\left(\frac{\pi}{2}, k\right) - E\left(\frac{\pi}{4} + \frac{i}{2}, k\right)\right],$$

$$e_1 = \frac{2-k^2}{k} a\left[F\left(\frac{\pi}{2}, k\right) - F\left(\frac{3\pi}{4} - \frac{i_1}{2}, k\right)\right] - \frac{2a}{k}\left[E(\pi, k) - E\left(\frac{3\pi}{4} - \frac{i_1}{2}, k\right)\right].$$

Désignons par λ la distance des lames; nous aurons, en retranchant ces égalités,

$$\lambda = \frac{2-k^2}{k} a\left[F\left(\frac{3\pi}{4} - \frac{i_1}{2}, k\right) - F\left(\frac{\pi}{4} + \frac{i}{2}, k\right)\right] - \frac{2a}{k}\left[E\left(\frac{3\pi}{4} - \frac{i_1}{2}, k\right) - E\left(\frac{\pi}{4} + \frac{i}{2}, k\right)\right],$$

équation qui détermine k.

Les élévations du liquide contre les lames seront positives et données par les expressions

$$a\sqrt{2}\sqrt{\frac{2}{k^2} - 1 - \sin i}, \quad a\sqrt{2}\sqrt{\frac{2}{k^2} - 1 - \sin i_1}.$$

Ce qui précède suppose $i_1 < \pi - i$. Si i_1 est $> \pi - i$, le calcul sera tout semblable, mais les élévations se changeront en dépressions.

Sur l'élévation ou la dépression d'un liquide dans un tube circulaire et capillaire.

14. Supposons un cylindre vertical circulaire; prenons son axe pour l'axe des z et mettons l'origine des z sur le plan de niveau. En désignant par x la distance d'un point de la surface du liquide à l'axe, nous aurons, d'après ce que nous avons vu (nº 2), pour l'équation du méridien de la surface du liquide,

$$(1)\qquad \frac{\dfrac{d^2z}{dx^2} + \dfrac{1}{x}\dfrac{dz}{dx}\left[1+\left(\dfrac{dz}{dx}\right)^2\right]}{\left[1+\left(\dfrac{dz}{dx}\right)^2\right]^{\frac{3}{2}}} = \frac{z}{a^2}.$$

Le premier membre représente la somme des courbures principales en chaque point de la surface, au sommet de laquelle les deux rayons de courbure principaux sont égaux à une même quantité γ. Si donc on fait $x = 0$ dans cette équation et qu'on désigne par h la hauteur du sommet, on aura

$$h = \frac{2a^2}{\gamma}.$$

En multipliant l'équation (1) par $x\,dx$ et intégrant les deux membres, on a

$$(2)\qquad \frac{x\dfrac{dz}{dx}}{\sqrt{1+\left(\dfrac{dz}{dx}\right)^2}} = \frac{1}{a^2}\int_0^x xz\,dx.$$

Nous allons maintenant supposer que le rayon r est très petit. Dans ce cas, la surface du ménisque diffère peu d'une portion de sphère; si elle appartenait à une sphère, son méridien serait un cercle ayant pour équation

$$z = l - \sqrt{c^2 - x^2},$$

l et c étant constants. Posons donc

$$z = l - \sqrt{c^2 - x^2} + u,$$

u étant une fonction de x très petite. Nous aurons

$$\frac{dz}{dx} = \frac{x}{\sqrt{c^2 - x^2}} + \frac{du}{dx},$$

et par conséquent $\frac{du}{dx}$ est nul pour $x = 0$. Nous allons substituer cette expression de z dans (2); en négligeant le carré de $\frac{du}{dx}$, nous aurons

$$\sqrt{1 + \left(\frac{dz}{dx}\right)^2} = \frac{c}{\sqrt{c^2 - x^2}}\left(1 + \frac{x\sqrt{c^2 - x^2}}{c^2}\frac{du}{dx}\right),$$

$$\frac{x\frac{dz}{dx}}{\sqrt{1 + \left(\frac{dz}{dx}\right)^2}} = \left(\frac{x^2}{c} + \frac{x\sqrt{c^2 - x^2}}{c}\frac{du}{dx}\right)\left(1 - \frac{x\sqrt{c^2 - x^2}}{c^2}\frac{du}{dx}\right)$$

$$= \frac{x^2}{c} + \frac{x(c^2 - x^2)^{\frac{3}{2}}}{c^3}\frac{du}{dx},$$

et le second membre de (2) deviendra

$$\frac{1}{a^2}\int_0^x xz\,dx = \frac{x^2 l}{2a^2} + \frac{(c^2 - x^2)^{\frac{3}{2}} - c^3}{3a^2},$$

en négligeant $\frac{1}{a^2}\int ux\,dx$. Ainsi l'équation (2) devient

$$\frac{du}{dx} = c^2\left(\frac{cl}{2a^2} - 1\right)\frac{x}{(c^2 - x^2)^{\frac{3}{2}}} + \frac{c^3}{3a^2}\frac{1}{x} - \frac{c^6}{3a^2}\frac{1}{x(c^2 - x^2)^{\frac{3}{2}}},$$

et, en intégrant, on aura

$$u = c^2\left(\frac{cl}{2a^2} - \frac{c^2}{3a^2} - 1\right)\frac{1}{\sqrt{c^2 - x^2}} + \frac{c^3}{3a^2}\log\left(c + \sqrt{c^2 - x^2}\right) + \text{const.}$$

Comme u ne doit pas être extrêmement grand, quand x diffère très peu de c, le premier terme de u doit s'annuler, et l'on a

$$l = \frac{2a^2}{c} + \frac{2}{3}c;$$

ce qui détermine l en fonction de c; enfin, on déterminera la constante arbitraire qui entre dans u, en exprimant que, pour $x = 0$, u est nul; on obtiendra ainsi

$$\text{const.} = -\frac{c^3}{3a^2}\log 2c$$

et

$$u = \frac{c^3}{3a^2}\log\frac{c+\sqrt{c^2-x^2}}{2c}.$$

Nous obtenons donc, pour la surface du ménisque, cette équation

$$(3) \qquad z = l - \sqrt{c^2-x^2} + \frac{c^3}{3a^2}\log\frac{c+\sqrt{c^2-x^2}}{2c},$$

dans laquelle il ne reste plus d'inconnue que c.

Pour $x = 0$, z est égal à h, et l'on a

$$h = l - c = \frac{2a^2}{c} - \frac{c}{3}.$$

Nous déterminerons la quantité c par l'angle aigu i de la surface avec le tube; nous aurons donc, en désignant par r le rayon du tube,

$$\cot i = \frac{dz}{dx} \quad \text{pour} \quad x = r,$$

ou

$$\cot i = \frac{r}{\sqrt{c^2-r^2}}\left(1 - \frac{c^3}{3a^2}\,\frac{1}{c+\sqrt{c^2-r^2}}\right).$$

De cette formule on tire d'abord, pour c, la valeur approchée $\frac{r}{\cos i}$, puis on a

$$c = \frac{r}{\cos i} - \frac{r^3}{3a^2}\,\frac{1}{\cos^3 i}\,\frac{\sin^2 i}{1+\sin i},$$

c étant obtenu, l'équation (3) ne renferme plus rien d'inconnu.

Si l'angle i est obtus, le liquide sera déprimé dans le tube. Toute la théorie précédente est applicable, pourvu que l'on change le signe du radical $\sqrt{c^2-x^2}$. Cela revient à dire que l'on peut adopter encore les formules précédentes, en prenant pour i l'angle aigu que fait le liquide avec la partie du tube qui n'est pas en contact avec le liquide, et portant la valeur de z au-dessous du plan de niveau.

D'après ce qu'on a vu ci-dessus, on a, pour le rayon de courbure γ au sommet,

$$\gamma = \frac{2a^2}{h},$$

qui est donc aussi déterminé, puisque h est connu.

Remarque. — Le calcul de Poisson pour résoudre ce problème est très analogue à celui-ci, quoiqu'il ne conduise pas aux mêmes formules. Il est bon de montrer par où pèche son raisonnement. En égalant, comme je l'ai fait, à zéro le coefficient de $\frac{1}{\sqrt{c^2 - x^2}}$ dans u, il trouve

$$\frac{1}{\gamma} + \frac{c}{6a^2} - \frac{1}{c} = 0,$$

que, d'après ses notations, il écrit

$$\frac{1}{\gamma} + \frac{\gamma'}{3a^2} - \frac{1}{\gamma'} = 0$$

et, comme on a $h = \frac{2a^2}{\gamma}$, il en résulte

$$(a) \qquad h = \frac{2a^2}{c} - \frac{c}{3}.$$

Or, sans remarquer cette valeur, il emploie, pour déterminer h, un calcul que je vais faire seulement pour le cas de $i = 0$. On a alors $c = r$, et l'équation (2) donne

$$r = \frac{1}{a^2}\int_0^r x(h + z_1)\,dx,$$

en faisant

$$z_1 = c - \sqrt{c^2 - x^2} + u;$$

cette équation devient, puisque c est égal à r,

$$a^2 r = \frac{hr^2}{2} + \frac{2r^3}{3} + \int_0^r ux\,dx$$

ou

$$(b) \qquad h = \frac{2a^2}{r} - \frac{r}{3} + \frac{r^3}{6a^2}(2\log 2 - 1).$$

Poisson trouve donc deux valeurs de h, savoir (a) et (b), et la seconde rend u infini pour $x = r$. La correction du terme en $\frac{1}{a^2}$, qu'il fait par la formule (b), se trouve être à peu près double de celle qu'il faut faire.

15. Si l'angle i de raccordement n'est ni nul, ni très petit, les formules que je viens de donner s'appliqueront très bien à des tubes dont le rayon ne dépassera pas 1^{mm}; ainsi elles s'appliqueront en particulier à une colonne mercurielle renfermée dans un pareil tube. Mais, si i est nul, la méthode d'approximation du calcul précédent n'est plus applicable. En effet, dans ce cas, c est égal à r, et une nouvelle approximation calculée d'une manière semblable donnerait dans z des termes qui seraient infinis pour $x = r$.

Il faut donc, quand i est nul, employer d'autres formules. La surface convexe différant peu d'un hémisphère si le rayon ne dépasse pas 1^{mm}, restant convexe et se terminant normalement à un plan horizontal, on conçoit qu'elle pourra être assimilée avec une grande approximation à un demi-ellipsoïde de révolution dont le rayon équatorial sera celui r du tube.

En mettant l'origine au sommet, l'équation de l'ellipse méridienne sera

$$z = \beta - \beta\sqrt{1 - \frac{x^2}{r^2}},$$

r, β étant ses demi-axes, et le rayon de courbure au sommet sera

$$\gamma = \frac{r^2}{\beta};$$

on aura donc

$$(1) \qquad h = \frac{2a^2}{\gamma} = \frac{2a^2\beta}{r^2}.$$

Le volume du liquide soulevé est $2\pi r a^2$ (n° 3), et il en résulte

$$2\pi r a^2 = \pi r^2 h + 2\pi \int_0^r zx\,dx.$$

Cette intégrale est égale à $\frac{\beta r^2}{6}$, et l'on obtient

$$(2) \qquad h = \frac{2a^2}{r} - \frac{\beta}{3}.$$

Des équations (1) et (2), on tire

$$\beta = \frac{6a^2r}{6a^2+r^2}, \quad h = \frac{12a^4}{(6a^2+r^2)r}.$$

Nous verrons, au Chapitre V, le moyen de juger du degré d'approximation de ce calcul en comparant les résultats des formules précédentes à ceux d'autres entièrement rigoureuses.

Si l'on veut calculer la quantité a^2, connaissant h, on déduira de la dernière formule

$$a^2 = \frac{hr}{4} + \frac{hr}{4}\sqrt{1+\frac{4r}{3h}} = \frac{hr}{2}\left(1+\frac{1}{3}\frac{r}{h}-\frac{1}{9}\frac{r^2}{h^2}+\dots\right).$$

Édouard Desains a déduit, au moyen de cette formule, pour la valeur de a^2 relative à l'eau, le nombre 7,55 à la température de 8°,5 C.

16. Pour déterminer l'épaisseur de la couche d'un liquide qui humecte la paroi intérieure d'un tube capillaire, M. Duclaux, après avoir introduit dans le tube une colonne du liquide, l'aspire jusqu'à une des extrémités de ce tube; puis il fait retourner à sa position primitive la base opposée de la colonne dont la longueur se trouve diminuée. Il en déduit bien facilement le volume de la couche liquide qui reste adhérente à la surface intérieure du tube et par suite aussi son épaisseur. M. Duclaux a ainsi trouvé, en employant un tube de 0^{mm},145 :

	Épaisseur en millimètres.
Eau	0,00050
Alcool à 50°	0,00076
» à 90°	0,00064
Huile d'olive	0,00344

J'ai le premier démontré que, lorsqu'un liquide coule dans un tube capillaire, il se trouve sur la paroi une couche immobile tellement mince qu'on peut la considérer comme nulle dans le calcul (voir *Comptes rendus des séances de l'Académie des Sciences*, 10 août 1863, et mon *Cours de Physique mathématique*, n° 30). Cela n'était nullement admis auparavant; néanmoins les physiciens ne me citent jamais à ce sujet.

Si l'on représente par H la hauteur moyenne, au-dessus du niveau, de la surface du ménisque dans un tube circulaire du rayon r, on a, d'après le théorème de Laplace,

$$\pi r^2 H = 2\pi r a^2 \cos i$$

ou

$$(a) \qquad H = \frac{2a^2 \cos i}{r}.$$

Ainsi H varie en raison inverse du rayon du tube; ce qui est la loi dite de Jurin.

Certains physiciens ont cru reconnaître que, pour les liquides qui mouillent le tube, la hauteur H croît plus que ne l'indique la loi de Jurin, quand le rayon du tube devient inférieur à 1^{mm}. On a voulu expliquer ensuite ce fait par la couche liquide dont l'épaisseur ne serait plus négligeable pour des tubes aussi fins; mais cette explication doit être rejetée d'après les nombres donnés ci-dessus pour l'épaisseur de la couche. La loi de Jurin doit être considérée comme très exacte et l'anomalie, que certains physiciens ont observée, provient de ce que, dans les tubes extrêmement fins, la surface du liquide est moins exposée à être altérée par les poussières et que la couche liquide s'y maintient plus longtemps.

Remarquons que, si l'on voulait tenir compte de l'épaisseur de la couche, il faudrait, dans l'application des formules, diminuer le rayon du tube de plus du double de l'épaisseur de cette couche. En effet, dans le Chapitre Ier, n° 10, on a raisonné comme si la couche liquide était solide, ce qui était suffisamment exact à cause de sa faible épaisseur; toutefois elle est attirée par le ménisque et celui-ci doit se relier à la surface cylindrique par une très petite surface, en sorte que la somme des rayons de courbure principaux ne change pas brusquement, en passant d'une surface à l'autre, ainsi qu'on l'avait admis.

17. Laplace avait énoncé ce théorème : *L'élévation d'un liquide qui mouille exactement les parois d'un tube capillaire est, à diverses températures, en raison directe de la densité du liquide.* (On fait abstraction de la dilatation du tube).

Désignons par H la hauteur du liquide dans le tube à la température t et par H_0 cette hauteur à la température zéro et représentons par α un coefficient constant; puis posons

$$(b) \qquad H = H_0(1 - \alpha t);$$

d'après Laplace, α serait le coefficient de dilatation du liquide.

D'après les expériences de Brunner, on a la formule (b)

Pour l'eau entre..........	0° et 82°	en faisant	$\alpha = 0,00187$
» l'éther entre........	0° et 35°	»	$\alpha = 0,00523$
» l'huile d'olive entre..	0° et 150°	»	$\alpha = 0,00141$

et les valeurs de α sont beaucoup plus grandes que le coefficient de dilatation de ces liquides.

M. Wolf a trouvé, pour l'eau et pour des valeurs de t comprises entre 0° et 25°, la formule encore plus précise

$$H = H_0(1 - 0,002061 t - 0,00000298 t^2),$$

qui conduit à la même conclusion.

Voici à quoi revient le raisonnement fait par Laplace : D'après la formule (a), on a

$$H = \frac{2a^2}{r} = \frac{2}{g\rho}\frac{g\rho a^2}{r}.$$

La quantité $g\rho a^2$ est à peu près proportionnelle à l'attraction du liquide sur lui-même, comme il résulte de la formule (Chapitre Ier, n° 8)

$$\frac{B}{2} + C = g\rho M = g\rho a^2,$$

si l'on suppose C très petit vis-à-vis de B. Si donc on néglige l'accroissement de répulsion entre les molécules provenant de l'augmentation de la température, on voit que $g\rho a^2$ varie à peu près proportionnellement à ρ^2; donc H est sensiblement proportionnel à la densité ρ. Comme cette conséquence n'est pas juste, il faut en conclure que les hypothèses précédentes ne sont pas non plus, toutes les deux, exactes.

Tube non cylindrique, mais de révolution et dont l'axe est vertical.

18. Supposons un tube de révolution, dont l'axe est vertical, plongé en partie dans un liquide (*fig.* 8). Soit ZOD l'axe vertical du vase qui sera aussi celui du liquide. La hauteur du ménisque AMB ne dépend que de la forme de ce ménisque.

Pour un liquide donné, le ménisque ne variera qu'avec le rayon $AO = r$ et l'angle $NAO = i'$ formé par la normale AN à la surface capillaire avec l'horizon.

Fig. 8.

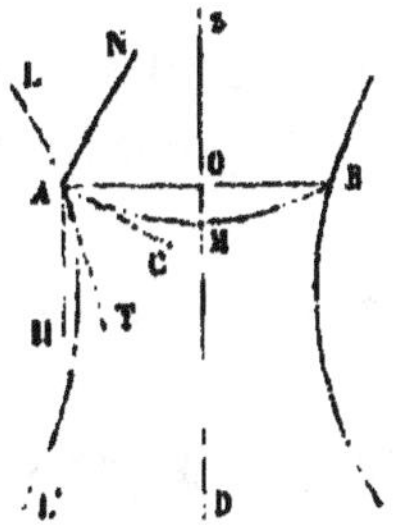

Soient AH une verticale, AT et AC deux tangentes au méridien et à la section du ménisque; on aura $i' = HAC$. Désignons comme précédemment par i l'angle de raccordement TAC qui est connu; nous aurons

$$i' = HAT + i.$$

Si nous regardons comme connus la hauteur du cercle AB et par suite r et l'angle HAT, nous aurons aussi la valeur de i'. Alors la formule qui donne la coordonnée z de la surface du ménisque est la même que celle qui donne cette coordonnée pour le ménisque d'un tube cylindrique, dont r est le rayon, l'angle de raccordement étant supposé égal à i'.

Ainsi on aura (n° 14)

$$(a) \qquad z = \frac{2a^2}{c} + \tfrac{2}{3}c - \sqrt{c^2 - x^2} + \frac{c^3}{3a^2}\log\frac{c + \sqrt{c^2 - x^2}}{2c},$$

c étant fourni par la formule

$$(b) \qquad c = \frac{r}{\cos i'}\left(1 - \frac{r^2}{3a^2}\frac{\tan g^2 i'}{1 + \sin i'}\right).$$

Il y a toutefois une remarque à faire pour le cas où, dans la surface du ménisque, à certaines valeurs de x correspondent deux valeurs de z, ainsi que cela a lieu (*fig.* 9) depuis le point A' jusqu'en A.

Les formules (a) et (b) sont encore applicables depuis le point M jusqu'au point P où la tangente est verticale. Mais en ce point la valeur de $\frac{dz}{dx}$

$$\frac{x}{\sqrt{c^2-x^2}}\left(1-\frac{c^3}{3a^2}\,\frac{1}{c+\sqrt{c^2-x^2}}\right)$$

devient infinie; x y est donc égal à c et le radical y change de signe. Il faudra donc, à partir de ce point jusqu'en A, faire

$$z=\frac{2a^2}{c}+\tfrac{2}{3}c+\sqrt{c^2-x^2}+\frac{c^3}{3a^2}\log\frac{c-\sqrt{c^2-x^2}}{2c}.$$

Pour déterminer c, désignons par i' l'angle aigu de la normale au

Fig. 9.

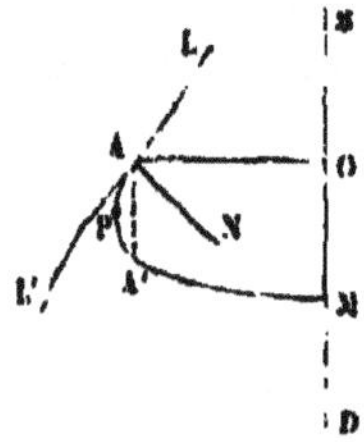

ménisque en A avec l'horizon, nous aurons

$$\cot i'=-\frac{dz}{dx}=\frac{r}{\sqrt{c^2-r^2}}\left(1-\frac{c^3}{3a^2}\,\frac{1}{c-\sqrt{c^2-r^2}}\right),$$

et on en conclut facilement

$$c=\frac{r}{\cos i'}\left(1-\frac{r^2}{3a^2}\,\frac{\operatorname{tang}^2 i'}{1-\sin i'}\right).$$

Dans ce qui précède, nous avons supposé connue la section circulaire AB à laquelle s'arrête le liquide, par suite connues les valeurs de z, x et $\frac{dz}{dx}$ au point extrême A du méridien du ménisque. Si cela n'avait pas lieu, on égalerait entre elles les valeurs de z relatives aux méridiens du ménisque et de la surface intérieure du tube, et il en résulterait en général un problème assez difficile, mais peu utile à la Physique.

19. Dans un tube de révolution dont l'axe est vertical, il peut y avoir plusieurs états d'équilibre et si le rayon diminue par degrés insensibles, ces divers équilibres sont en général alternativement stables et instables. Voici le raisonnement donné par Laplace pour le prouver :

D'abord, le liquide tend à s'élever dans le tube, et cette tendance en diminuant devient nulle dans l'état d'équilibre; le liquide continuant à s'élever, elle change de signe et le liquide tend à s'abaisser. Ainsi le liquide, étant un peu écarté de cet état d'équilibre, tend à y revenir : cet état est donc stable. Si l'on élève le liquide par aspiration, sa tendance à s'abaisser, après que cette action aura cessé, diminuera jusqu'à devenir nulle pour une certaine hauteur de la colonne, au delà de laquelle, la tendance changeant de sens, le liquide devra monter. Ainsi cette hauteur correspond à un état d'équilibre instable. De même le troisième état d'équilibre serait stable, le quatrième instable et ainsi de suite.

Le raisonnement de Laplace est vague et il est indispensable de le remplacer par un autre qui ait plus de précision.

La fonction de forces U qui régit le liquide peut être considérée comme ne dépendant que d'une seule variable, par exemple de la hauteur à laquelle s'élève le sommet du liquide, et l'équilibre correspond à l'équation $\delta U = 0$. Or la fonction U ne dépendant que d'une variable, les valeurs de cette variable déduites de cette équation correspondent en général à des maxima ou des minima de U qui se succèdent alternativement quand cette variable va en croissant. Au maximum de U correspond un équilibre stable d'après un théorème de Mécanique, et à un minimum de U un équilibre instable. Ainsi les équilibres de la colonne capillaire seront alternativement stables et instables. Il reste à prouver que le premier est stable.

On a (Chapitre Ier, n° 6)

$$U = A - g\rho \int z\,d\varpi - g\rho M\sigma - g\rho N\Omega$$

et, si le liquide mouille le tube, on a $N = -M = -a^2$, par suite

$$U = A - g\rho \int z\,d\varpi - g\rho a^2\sigma + g\rho a^2\Omega,$$

σ étant la surface libre du liquide et Ω celle qui est au contact du tube. On voit facilement que si l'on fait croître la hauteur de la colonne à partir de zéro, le terme $g\rho a^2\Omega$ sera celui qui subira d'abord le plus grand accroissement et que U commencera par croître. Quand U cessera d'augmenter, il passera par un maximum. Ainsi le premier équilibre est stable.

Tube conique vertical.

20. Comme application de ce qui précède, considérons un tube conique de révolution et plongeons-le dans un liquide qui le mouille par sa partie la plus large, de manière que son axe soit vertical. Désignons par 2β l'angle au sommet du cône et par α le rayon du tube à la hauteur de la surface de niveau, à partir de laquelle on compte les z. Le méridien du tube est une droite qui a pour équation

$$z = \frac{\alpha - x}{\operatorname{tang}\beta}.$$

Nous supposons la surface du ménisque tangente au tube; elle se trouve donc dans le second cas examiné au n° 18. Désignons par r le rayon du tube sur le contour du ménisque; sur ce contour, z étant le même pour le tube et la surface libre du liquide, on a

$$(1)\qquad \frac{\alpha - r}{\operatorname{tang}\beta} = \frac{2a^2}{c} + \tfrac{2}{3}c + \sqrt{c^2 - r^2} + \frac{c^3}{3a^2}\log\frac{c - \sqrt{c^2 - r^2}}{2c};$$

l'angle désigné précédemment (n° 18) par i' est constant et égal à β et l'on a

$$(2)\qquad c = \frac{r}{\cos\beta}\left(1 - \frac{r^2}{3a^2}\,\frac{\operatorname{tang}^2\beta}{1 - \sin\beta}\right).$$

En portant cette valeur de c dans l'équation précédente, elle ne renfermera plus que l'inconnue r.

Faisons le calcul en supposant que β soit un très petit angle, ce qui est nécessaire pour que le tube soit capillaire, et posons d'abord

$$J = \frac{c^3}{3a^2}\log\frac{c - \sqrt{c^2 - r^2}}{2c}.$$

En faisant simplement $c = r$ et négligeant J, on déduira de l'équation (1)

$$r = \frac{\alpha}{2} \pm \sqrt{\frac{\alpha^2}{4} - 2a^2 \sin\beta}.$$

Ne considérons d'abord que la solution où le radical est précédé du signe + et posons

$$\frac{\alpha}{2} + \sqrt{\frac{\alpha^2}{4} - 2a^2 \sin\beta} = r_1,$$

nous aurons pour J, en remplaçant dans le logarithme c par $\frac{r}{\cos\beta}$,

$$J_1 = \frac{r_1^2}{3a^2} \log \frac{1 - \sin\beta}{2}.$$

Faisons ensuite dans l'équation (1) $c = \frac{r}{\cos\beta}$ et remplaçons le dernier terme par J_1 dont la valeur est connue; nous aurons

$$\frac{\alpha - r}{\operatorname{tang}\beta} = \frac{2a^2\cos\beta}{r} + \frac{2}{3}\,\frac{r}{\cos\beta} + r\operatorname{tang}\beta + J_1,$$

et il en résultera, en négligeant des quantités très petites,

$$(3) \qquad r = \frac{\alpha - J_1\operatorname{tang}\beta + \sqrt{\alpha^2 - 2\alpha J_1 \operatorname{tang}\beta - 8a^2\sin\beta\left(1 + \frac{2}{3}\sin\beta\right)}}{2 + \frac{4}{3}\sin\beta}.$$

Si nous posons de même

$$\frac{\alpha}{2} - \sqrt{\frac{\alpha^2}{4} - 2a^2 \sin\beta} = r_2,$$

$$\frac{r_2^2}{3a^2} \log \frac{1 - \sin\beta}{2} = J_2,$$

nous aurons pour le rayon du bord du ménisque cette seconde solution

$$(4) \qquad r = \frac{\alpha - J_2\operatorname{tang}\beta - \sqrt{\alpha^2 - 2\alpha J_2 \operatorname{tang}\beta - 8a^2\sin\beta\left(1 + \frac{2}{3}\sin\beta\right)}}{2 + \frac{4}{3}\sin\beta}.$$

D'après ce que nous avons dit (n° 19), la valeur (4) de r correspond à un équilibre instable; la valeur (3) se rapporte au contraire à un équilibre stable; toutefois cet équilibre n'est lui-même possible que si l'expression (3) est réelle, c'est-à-dire si l'on a

$$\alpha^2 - 8a^2\sin\beta - 2\alpha J_1\operatorname{tang}\beta - \frac{16}{3}a^2\sin^2\beta > 0.$$

Si cette condition n'est pas remplie, le liquide montera jusqu'en haut du tube. Cette inégalité se réduit à peu près à

$$\alpha^2 > 8a^2 \sin\beta;$$

donc un équilibre stable sera possible, si le rayon le plus grand du tube est sensiblement $> 2a\sqrt{2\sin\beta}$, et il suffira d'enfoncer le tube de manière que son rayon à la hauteur de la surface de niveau soit $> 2a\sqrt{2\sin\beta}$. Il faudra d'ailleurs que le tube s'élève assez pour que la valeur de r donnée par la formule (3) soit un des rayons du tube.

CHAPITRE III.

LIQUIDES SUPERPOSÉS. — SUSPENSION DANS L'AIR D'UN LIQUIDE PAR UN TUBE CAPILLAIRE.

Équilibre d'un système composé de deux liquides et d'un corps solide.

1. Appliquons l'analyse exposée, du n° 2 au n° 6 du Chapitre I, quand, au lieu d'un seul liquide, on en a deux superposés dans un vase.

Désignons par m chaque molécule du premier liquide; par m' chacune du second; par M chacune du corps solide, avec des indices pour les distinguer. Représentons par r la distance entre deux molécules du premier liquide; par r' la distance entre deux molécules du second; par R la distance entre m et M; par R' la distance entre m' et M, et par p la distance entre m et m'. Nous aurons, d'après le principe des vitesses virtuelles, l'équation

$$\begin{aligned} g\mathrm{S}m\,\delta z &+ \frac{1}{2}\mathrm{S}_t\mathrm{S}_s m_t m_s f(r_{t,s})\,\delta r_{t,s} + \mathrm{S}_t\mathrm{S}_s m_t \mathrm{M}_s \mathrm{F}(\mathrm{R}_{t,s})\,\delta\mathrm{R}_{t,s} \\ &+ g\mathrm{S}m'\,\delta z' + \frac{1}{2}\mathrm{S}_t\mathrm{S}_s m'_t m'_s f_1(r'_{t,s})\,\delta r'_{t,s} + \mathrm{S}_t\mathrm{S}_s m'_t \mathrm{M}_s \mathrm{F}_1(\mathrm{R}'_{t,s})\,\delta\mathrm{R}'_{t,s} \\ &+ \mathrm{S}_u\mathrm{S}_v m_u m'_v\,\varphi(p_{u,v})\,\delta p_{u,v} = 0, \end{aligned}$$

f, f_1, F, F_1, φ étant les attractions entre les molécules, dont les masses multiplient ces fonctions. Le premier membre de cette équation est égal à $-\delta\mathrm{U}$, U étant la fonction de forces.

Désignons par σ et σ' les parties libres des surfaces des deux liquides; par Ω et Ω' les surfaces suivant lesquelles ces deux liquides touchent le solide; enfin, par T la surface de séparation des deux liquides. Soient encore ρ et ρ' les densités de ces deux liquides.

Nous aurons, en désignant par B, C, D, E, F, H, B′, C′, D′, E′, F′ des constantes,

$$S_i S_s m_i M_s F(R_{i,s}) \delta R_{i,s} = -E\,\delta\Omega,$$

$$S_i S_s m'_i M_s F_1(R'_{i,s}) \delta R'_{i,s} = -E'\delta\Omega',$$

$$\frac{1}{2} S_i S_s m_i m_s f(r_{i,s}) \delta r_{i,s} = \frac{B}{2}\,\delta(\sigma + \Omega + T) + C\,\delta\sigma + D\,\delta\Omega + F\,\delta T,$$

$$\frac{1}{2} S_i S_s m'_i m'_s f_1(r'_{i,s}) \delta r'_{i,s} = \frac{B'}{2}\,\delta(\sigma' + \Omega' + T') + C'\delta\sigma' + D'\delta\Omega' + F'\delta T,$$

$$S_u S_v m_u m'_v \varphi(p_{u,v})\,\delta p_{u,v} = -H\,\delta T,$$

C, D, F, C′, D′, F′ étant nuls si l'on ne suppose aucun changement aux limites des liquides. Posons

$$\frac{B}{2} + C = g\rho M, \quad \frac{B'}{2} + C' = g\rho' M',$$

$$\frac{B}{2} - E + D = g\rho N, \quad \frac{B'}{2} - E' + D' = g\rho' N',$$

$$\frac{B}{2} + F + \frac{B'}{2} + F' - H = g\tau,$$

et l'équation du principe des vitesses virtuelles deviendra

$$\text{(A)} \quad \rho\delta\int z\,d\varpi + \rho'\delta\int z'\,d\varpi' + \rho M\,\delta\sigma + \rho' M'\,\delta\sigma' + \rho N\,\delta\Omega + \rho' N'\,\delta\Omega' + \tau\,\delta T = 0.$$

2. Développons d'abord l'équation (A), en supposant que le second liquide recouvre entièrement le premier. Soient R', R'_1 les rayons de courbure de la surface σ' et $\mathcal{R}$, $\mathcal{R}_1$ ceux de la surface T; désignons par i' l'angle de raccordement de σ' avec la paroi, par l' le contour de σ' et par $\delta\lambda'$ la distance de la ligne l' à la position infiniment voisine qu'elle prend après le déplacement virtuel. Désignons par i_1, l_1, $\delta\lambda_1$ les mêmes quantités pour la surface T. Enfin, représentons par δn, $\delta n'$, $\delta\nu$ les distances des surfaces σ, σ', T à ces mêmes surfaces après le changement virtuel.

D'après ce qu'on a vu dans le Chapitre I (nos 8, 9), on obtient facilement

$$\delta\sigma' = -\int\left(\frac{1}{R'}+\frac{1}{R'_1}\right)\delta n'\,d\sigma' + \int \cos i'\,\delta\lambda'\,dl',$$

$$\delta T = -\int\left(\frac{1}{\mathfrak{R}}+\frac{1}{\mathfrak{R}_1}\right)\delta\nu\,dT + \int \cos i_1\,\delta\lambda_1\,dl_1,$$

$$\delta\mathfrak{U} = \int \delta\lambda\,dl + \int \delta\lambda_1\,dl_1,$$

$$\delta\mathfrak{U}' = \int \delta\lambda'\,dl' - \int \delta\lambda_1\,dl_1,$$

$$\delta\int z\,d\varpi = \int z_1\,\delta\nu\,dT,$$

$$\delta\int z'\,d\varpi' = \int z'\,\delta n'\,d\sigma' - \int z_1\,\delta\nu\,dT,$$

z' étant l'ordonnée de la surface σ' et z_1 celle de la surface T. Si l'on substitue ces valeurs dans l'équation (A), les intégrales en $\delta n'\,\delta\sigma'$ et $\delta\nu\,dT$ seront

$$\int\left[-M'\left(\frac{1}{R'}+\frac{1}{R'_1}\right)+z'\right]\delta n'\,d\sigma',$$

$$\int\left[-\tau\left(\frac{1}{\mathfrak{R}}+\frac{1}{\mathfrak{R}_1}\right)+(\rho-\rho')z_1\right]\delta\nu\,dT,$$

et, comme le volume de chacun des liquides est constant, on en conclut, pour les équations des surfaces σ' et T,

$$M'\left(\frac{1}{R'}+\frac{1}{R'_1}\right) = z' - h,$$

$$\frac{\tau}{\rho-\rho'}\left(\frac{1}{\mathfrak{R}}+\frac{1}{\mathfrak{R}_1}\right) = z_1 - h_1,$$

h et h_1 étant deux constantes arbitraires.

On trouve aussi, dans l'équation (A), les deux intégrales

$$\int(\rho' M'\cos i' + \rho' N')\,\delta\lambda'\,dl',$$

$$\int(\tau\cos i_1 + \rho N - \rho' N')\,\delta\lambda_1\,dl_1,$$

qui doivent être nulles, quels que soient $\delta\lambda'$ et $\delta\lambda_1$; on en conclut

$$\cos i' = -\frac{N'}{M'}, \quad \cos i_1 = \frac{\rho' N' - \rho N}{\tau};$$

on a

$$g\tau = \frac{B}{2} + F + \frac{B'}{2} + F' - H,$$

et, dans le cas où le changement de densité des liquides serait négligeable à leur limite, cette formule deviendrait

$$\tau = \rho M + \rho' M' - \frac{H}{g}.$$

Superposition d'une goutte de liquide à un autre liquide.

3. Plaçons une goutte de liquide sur un autre liquide plus dense, que nous supposons assez large pour être regardé comme s'étendant indéfiniment. En prenant, par exemple, pour la goutte de l'eau ou de l'huile et pour le liquide inférieur du mercure, les surfaces seront convexes. Pour simplifier, nous admettrons que la surface de la goutte est de révolution et par suite aussi la surface du liquide inférieur.

ρ' est la densité du liquide de la goutte, ρ celle du liquide inférieur, T la surface de contact des deux liquides; nous aurons à faire

$$\delta\Omega = 0, \quad \delta\Omega' = 0$$

dans l'équation (A) du n° 1, qui deviendra

$$\text{(D)} \qquad \rho\delta\int z\,d\varpi + \rho'\delta\int z'\,d\varpi' + \rho M\,\delta\sigma + \rho' M'\,\delta\sigma' + \tau\,\delta T = 0.$$

Nous pouvons supposer que les déplacements virtuels laissent de révolution les surfaces σ, σ' et T.

Fig. 10.

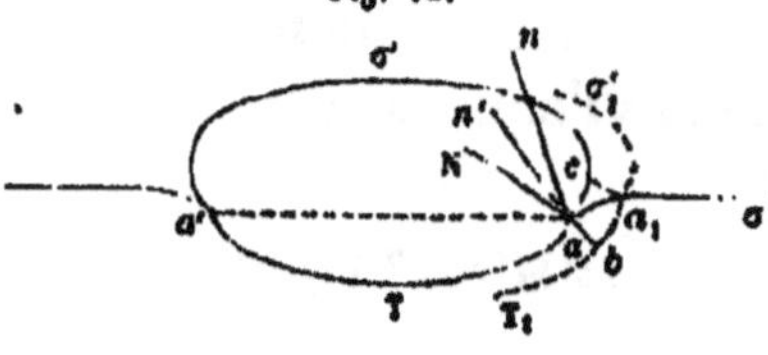

Admettons d'abord que, dans ce mouvement, le cercle aa' (*fig.* 10)

suivant lequel se rencontrent ces trois surfaces ne change pas de grandeur et reste fixe. Nous aurons

$$\delta\int z\,\delta\varpi = \int z\,\delta n\,d\sigma + \int z_1\,\delta\nu\,d\mathrm{T},$$

$$\delta\int z'\,\delta\varpi' = \int z'\,\delta n'd\sigma' - \int z_1\,\delta\nu\,d\mathrm{T},$$

$$\delta\sigma = -\int\left(\frac{1}{\mathrm{R}} + \frac{1}{\mathrm{R}_1}\right)\delta n\,d\sigma,$$

$$\delta\sigma' = -\int\left(\frac{1}{\mathrm{R}'} + \frac{1}{\mathrm{R}'_1}\right)\delta n'\,d\sigma',$$

$$\delta\mathrm{T} = -\int\left(\frac{1}{\mathfrak{R}} + \frac{1}{\mathfrak{R}_1}\right)\delta\nu\,d\mathrm{T}.$$

Nous allons supposer ensuite que le cercle aa' se modifie et chercher les termes qu'il faut ajouter aux expressions précédentes. Si l'on conçoit que le point a se meuve dans un plan passant par l'axe de révolution, ce déplacement peut se décomposer en deux autres : l'un sur σ et l'autre sur σ', que nous allons examiner séparément.

4. Faisons d'abord glisser le point a d'une quantité infiniment petite $\delta\lambda = aa_1$ sur σ et supposons que σ ne change pas au delà du parallèle du point a_1. Dans la déformation, T viendra en T_1, σ' en σ'_1 et ses deux surfaces feront entre elles un angle très peu différent de celui qu'elles faisaient d'abord.

Désignons par $\delta'\sigma$, $\delta'\sigma'$, $\delta'\mathrm{T}$ les parties de $\delta\sigma$, $\delta\sigma'$, $\delta\mathrm{T}$ qui n'ont pas été calculées précédemment et qui dépendent de $\delta\lambda$; représentons par h le rayon du cercle aa' et par n, n', N les normales menées au point a aux trois surfaces σ, σ', T et dirigées à l'intérieur de la goutte. Enfin posons, pour les angles de ces normales,

$$(n, n') = i, \quad (n, \mathrm{N}) = j, \quad (n', \mathrm{N}) = \upsilon = j - i;$$

nous aurons

$$\delta'\sigma = -2\pi h\,\delta\lambda,$$

$$\delta'\mathrm{T} = 2\pi h \times ba_1 = 2\pi h\,\delta\lambda\cos j,$$

$$\delta'\sigma' = -2\pi h \times ca = -2\pi h\,\delta\lambda\cos i,$$

ab et a_1c étant des normales aux méridiens de T_1 et σ'.

Ainsi, l'équation (D) renferme l'expression

$$(E) \qquad 2\pi h\,\delta\lambda(-\rho M - \rho' M' \cos i + \tau \cos j).$$

En second lieu, déplaçons le point a (*fig.* 11) sur la surface σ' d'une quantité infiniment petite $\delta\lambda' = a\alpha$ et supposons que σ' ne change pas

Fig. 11.

au-dessus du point α. Dans la déformation, T viendra en T_1 et σ en σ_1; abaissons αp normal à σ et ak normal à T_1. Les parties de $\delta\sigma$, δT, $\delta\sigma'$ dépendant de $\delta\lambda'$ sont respectivement

$$\begin{aligned} -2\pi h \times ap &= -2\pi h\,\delta\lambda' \cos i,\\ 2\pi h \times ak &= \quad 2\pi h\,\delta\lambda' \cos \upsilon,\\ -2\pi h \times a\alpha &= -2\pi h\,\delta\lambda'; \end{aligned}$$

ainsi l'équation (D) renferme l'expression

$$(F) \qquad 2\pi h\,\delta\lambda'(-\rho M \cos i - \rho' M' + \tau \cos \upsilon).$$

Les deux quantités $\delta\lambda$ et $\delta\lambda'$ étant arbitraires, les deux parenthèses des expressions (E) et (F) sont nulles.

Si l'on supposait le déplacement du point a effectué sur la surface T, en désignant par δL sa grandeur, on trouverait qu'il faut ajouter au premier membre de (D) l'expression

$$2\pi h\,\delta L(\rho M \cos j + \rho' M' \cos \upsilon - \tau),$$

qui doit être également nulle.

5. On a donc ces trois équations, qui ne renferment que les inconnues i et j,

$$(a) \qquad -\rho M - \rho' M' \cos i + \tau \cos j = 0,$$

$$(b) \qquad -\rho M \cos i - \rho' M' + \tau \cos \upsilon = 0,$$

$$(c) \qquad \rho M \cos j + \rho' M' \cos \upsilon - \tau = 0,$$

mais dont la troisième doit évidemment rentrer dans les deux premières.

Pour le démontrer, remplaçons υ par $j-i$, puis multiplions (a) par $\sin(j-i)$, (b) par $-\sin j$ et ajoutons, nous aurons

$$-\rho M[\sin(j-i)-\cos i\sin j]-\rho' M'[\cos i\sin(j-i)-\sin j]$$
$$+\tau[\cos j\sin(j-i)-\sin j\cos(j-i)]=0;$$

si l'on développe et qu'on divise par $\sin i$, on trouve l'équation (c).

On peut regarder (a), (b), (c) comme trois équations du premier degré dont les inconnues sont $\cos j$, $\cos\upsilon$ et $\cos i$, et l'on a

$$\cos j=\frac{\tau^2+\rho^2M^2-\rho'^2M'^2}{2\tau\rho M},\quad \cos\upsilon=\frac{\tau^2-\rho^2M^2+\rho'^2M'^2}{2\tau\rho' M'},$$
$$\cos i=\frac{\tau^2-\rho^2M^2-\rho'^2M'^2}{2\rho M\,\rho' M'}.$$

Ces formules nous montrent que ρM, $\rho' M'$ et τ forment les trois côtés d'un triangle dont les angles opposés à ces côtés sont υ, j, $\pi-i$. Conformément au n° 15 du Chap. I, regardons $g\rho M$ et $g\rho' M'$ comme des forces de tension normales au cercle aa' et tangentes aux surfaces σ et σ'. Dans le travail virtuel δU des forces capillaires, $-g\tau\delta T$ est la partie qui provient de la variation de la surface T, en sorte que $g\tau$ peut être considéré comme une tension de la surface T qui agit tangentiellement à cette surface et normalement au cercle aa' ; on en conclut ce théorème :

Les trois tensions relatives aux trois surfaces σ, σ' et T *se font équilibre.*

Ce théorème, admis maintenant sans raisons suffisantes dans les Ouvrages de Physique, était indispensable à démontrer.

6. D'après ce qui précède, on connait les inclinaisons mutuelles des trois tangentes au point a, menées aux méridiens des trois surfaces; il reste à former une équation pour déterminer leurs positions.

Nous allons examiner cette question dans le cas où la goutte est très large, en sorte qu'on peut la regarder comme cylindrique dans une petite étendue (*fig.* 12). Supposons donc que les trois surfaces σ, σ', T se rencontrent suivant une ligne droite horizontale et qu'elles soient des cylindres dont les génératrices sont parallèles à cette droite. Soient α, α' et η les angles aigus formés avec un plan horizontal par les plans tangents menés à ces trois surfaces en leur intersection.

Fig. 17.

L'équation de la surface σ est (Chap. II, n° 5)

$$\frac{1}{\left[1+\left(\frac{dz}{dx}\right)^2\right]^{\frac{1}{2}}}=1-\frac{1}{2a^2}z^2,$$

en mettant l'origine des z sur le niveau de σ. Désignons par l la distance verticale d'un point a de l'intersection à ce plan de niveau. On déduit de l'équation précédente

$$\cos\alpha=1-\frac{l^2}{2a^2},$$

$$l=2a\sin\frac{\alpha}{2}$$

Désignons par H la hauteur de la partie horizontale plane de σ au-dessus du niveau de σ et par H_1 la hauteur de la partie horizontale de T au-dessous de ce même plan. Nous aurons ces deux équations semblables à la précédente

$$H+l=2a'\sin\frac{\alpha'}{2},$$

$$H_1-l=2b\sin\frac{\eta}{2},$$

en faisant

$$M'=a'^2,\quad \frac{\tau}{\rho-\rho'}=b^2.$$

Supposons les points B et C sur une même verticale et admettons de plus que, en les points A, B, C, les surfaces σ, σ' et T soient sensiblement planes et horizontales. Concevons un canal dont les branches verticales passent par ces points et soient réunies par une branche horizontale qui passe au-dessous de la surface T; nous déduirons de l'équilibre de ce canal

$$(H + H_1)\rho' = H_1\rho,$$

et, en remplaçant H et H_1, nous aurons

$$\left(a' \sin\frac{\alpha'}{2} + b\sin\frac{\alpha_1}{2}\right)\rho' = \left(b\sin\frac{\alpha_1}{2} + a\sin\frac{\alpha}{2}\right)\rho;$$

or nous avons

$$(a) \qquad \alpha' - \alpha = i, \quad \alpha_1 - \alpha = j;$$

l'équation précédente devient donc

$$\left(a'\sin\frac{\alpha+i}{2} + b\sin\frac{\alpha+j}{2}\right)\rho' = \left(b\sin\frac{\alpha+j}{2} + a\sin\frac{\alpha}{2}\right)\rho.$$

On en conclut

$$\operatorname{tang}\frac{\alpha}{2} = \frac{a'\rho'\sin\frac{i}{2} - b(\rho - \rho')\sin\frac{j}{2}}{b(\rho - \rho')\cos\frac{j}{2} + a\rho - a'\rho'\cos\frac{i}{2}},$$

formule dont le second membre ne renferme que des quantités connues. On aura ensuite α' et α_1 par les formules (a).

Pour que l'équilibre de la goutte soit possible, il faut que les trois tensions $g\rho M$, $g\rho' M'$ et $g\tau$ puissent se faire équilibre et par conséquent que la plus grande de ces quantités soit plus petite que la somme des deux autres. Si cette condition n'est pas remplie, le liquide le moins dense se répandra sur l'autre, jusqu'à former une couche d'épaisseur excessivement mince, à laquelle les raisonnements précédents ne seront plus applicables. Cette remarque a été faite pour la première fois par Marangoni, en 1865.

Figure d'équilibre d'une masse liquide soustraite à l'action de la pesanteur.

7. Pour réaliser un liquide sans pesanteur, Plateau composa un mélange d'eau et d'alcool ayant exactement la même densité que de l'huile. Si donc on introduit une goutte de cette huile dans ce mélange, elle y demeurera suspendue et prendra une figure d'équilibre sous la seule action des forces moléculaires.

Appliquons les nos 1 et 2 à l'ensemble de cette masse liquide. En désignant, comme précédemment, par U la fonction de forces, le premier membre de l'équation (A) du no 1 représente $-\frac{1}{g}\delta U$; si l'on suppose qu'on déforme infiniment peu la masse d'huile, sans changer la surface du liquide extérieur dans sa partie libre et dans celle qui touche le vase, le premier membre de (A) se réduit à $\tau\,\delta T$; ainsi on a

$$\delta U = -g\tau\, dT = -g\tau \int \left(\frac{1}{\mathfrak{R}} + \frac{1}{\mathfrak{R}_1}\right)\delta\nu\, dT.$$

Le volume de la masse d'huile étant constant, $\int \delta\nu\, dT$ est nul. Multiplions cette expression par une constante C, ajoutons à δU et égalons la somme à zéro, nous aurons

$$\int \left[-g\tau\left(\frac{1}{\mathfrak{R}} + \frac{1}{\mathfrak{R}_1}\right) + C\right]\delta\nu\, dT = 0$$

pour l'équation générale de l'équilibre et, $\delta\nu$ étant arbitraire, on a, pour l'équation de la surface de l'huile,

$$\frac{1}{\mathfrak{R}} + \frac{1}{\mathfrak{R}_1} = \text{const.} \tag{1}$$

Pour que l'équilibre soit stable, il faut que la fonction de forces U soit maximum ; ainsi le volume se déformant d'une manière quelconque, il faut que δU soit négatif et, par suite, δT positif; donc la surface T est alors minimum. Si l'on assujettit la surface T à passer par des lignes qui la terminent, la même propriété subsistera.

8. Supposons que la surface d'équilibre soit de révolution. Désignons par C une constante arbitraire et par x la distance d'un point de la surface à l'axe de révolution pris pour axe des z. L'équation (1) peut s'écrire

$$d\left\{\frac{x\frac{dz}{dx}}{\left[1+\left(\frac{dz}{dx}\right)^2\right]^{\frac{1}{2}}}\right\} = 2Cx\,dx$$

Chap. II, n° 14). Intégrons les deux membres, puis résolvons par rapport à dz, nous aurons, en représentant par C' une seconde constante arbitraire,

$$dz = \frac{(Cx^2 + C')\,dx}{\sqrt{x^2 - (Cx^2 + C')^2}},$$

et cette équation peut s'écrire

$$dz = \frac{(x^2 \pm ab)\,dx}{\sqrt{(x^2 - b^2)(a^2 - x^2)}},$$

a et b étant deux quantités positives, dont la première est la plus grande. Comme x^2 peut varier entre a^2 et b^2, posons

$$x^2 = a^2 \cos^2\varphi + b^2 \sin^2\varphi,$$

nous aurons

$$dz = \frac{a^2\cos^2\varphi + b^2\sin^2\varphi \pm ab}{\sqrt{a^2\cos^2\varphi + b^2\sin^2\varphi}}\,d\varphi,$$

et si nous posons

$$k = \frac{\sqrt{a^2 - b^2}}{a}, \quad \Delta\varphi = \sqrt{1 - k^2\sin^2\varphi},$$

nous aurons

$$(2) \qquad z = a\int \Delta\varphi\, d\varphi \pm b\int \frac{d\varphi}{\Delta\varphi}.$$

9. La seconde intégrale étant précédée du signe $\pm$, prenons d'abord le signe $+$, et, en nous servant des notations habituellement employées pour les intégrales elliptiques, nous aurons les deux formules

$$z = b\mathrm{F}(\varphi) + a\mathrm{E}(\varphi),$$
$$x = a\,\Delta\varphi,$$

qui expriment les deux coordonnées du méridien au moyen d'une même variable φ.

Si nous faisons varier φ depuis zéro jusqu'à $\frac{\pi}{2}$, x décroîtra depuis a jusqu'à b. Prenons l'origine des z pour $\varphi = 0$, alors z croîtra depuis zéro jusqu'à

$$b\,\mathrm{F}\left(\frac{\pi}{2}\right) + a\,\mathrm{E}\left(\frac{\pi}{2}\right),$$

et nous obtiendrons l'arc AB (*fig.* 13).

Continuons à faire croître φ de $\frac{\pi}{2}$ à π, x croîtra de b à a, et comme les intégrales ont la même valeur, prises entre $\frac{\pi}{2} - e$ et $\frac{\pi}{2}$, ou entre $\frac{\pi}{2}$ et $\frac{\pi}{2} + e$, il en résulte un second arc BC symétrique du premier. Ensuite la courbe se composera d'une infinité de branches identiques à

Fig. 13.

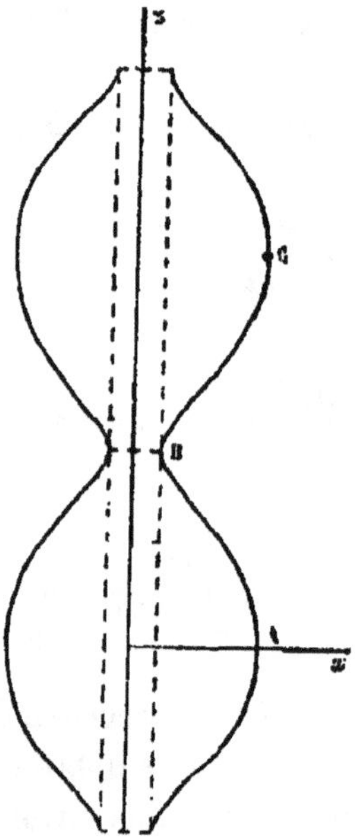

ABC. La surface dont elle est le méridien a été appelée par Plateau un *onduloïde*.

On a

$$\frac{dz}{dx} = -\frac{x^2 + ab}{\sqrt{(x^2 - b^2)(a^2 - x^2)}}, \quad \frac{d^2z}{dx^2} = \frac{(a+b)^2(ab - x^2)x}{(x^2 - b^2)^{\frac{3}{2}}(a^2 - x^2)^{\frac{3}{2}}};$$

donc la courbe méridienne a un point d'inflexion pour $x = \sqrt{ab}$.

Si $a = b$, la surface devient un cylindre droit

Si $a = \infty$, l'équation différentielle devient

$$dz = \frac{b\,dx}{\sqrt{x^2 - b^2}},$$

et le méridien est une chaînette dont l'équation est

$$x = \frac{b}{2}\left(e^{\frac{z}{b}} + e^{-\frac{z}{b}}\right).$$

Cette surface d'équilibre, appelée *caténoïde*, correspond à $C = 0$ et ses deux rayons de courbure principaux sont égaux et de sens contraire.

Si $b = 0$, la surface est une sphère, elle est intermédiaire entre la famille des onduloïdes et celle des surfaces suivantes.

10. Prenons ensuite, dans la formule (2), le signe $-$. Nous aurons

$$z = a\mathrm{E}(\varphi) - b\mathrm{F}(\varphi),$$
$$x = a\Delta\varphi.$$

Faisons croître φ à partir de zéro, x décroîtra depuis la valeur a, et z ira d'abord en croissant. On a

$$\frac{dz}{dx} = \frac{ab - x^2}{(x^2 - b^2)^{\frac{1}{2}}(a^2 - x^2)^{\frac{1}{2}}}, \quad \frac{d^2z}{dx^2} = \frac{-(a-b)^2(ab + x^2)x}{(x^2 - b^2)^{\frac{3}{2}}(a^2 - x^2)^{\frac{3}{2}}};$$

l'ordonnée z croîtra donc jusqu'à la valeur de $x = \sqrt{ab}$, qui correspond à la valeur de φ donnée par

$$\sin\varphi_1 = \frac{a^{\frac{1}{2}}}{\sqrt{a + b}};$$

on en pourra déduire la valeur correspondante z_1 de z par les Tables des intégrales elliptiques, et l'on en conclura l'arc AD (*fig.* 14). Puis φ variant de φ_1 à $\frac{\pi}{2}$, x décroîtra de $\sqrt{ab}$ à b et z décroîtra de z_1 à

$$a\mathrm{E}\left(\frac{\pi}{2}\right) - b\mathrm{F}\left(\frac{\pi}{2}\right);$$

on obtiendra ainsi l'arc BD. En faisant varier φ de $\frac{\pi}{2}$ à π, on aura un arc BEF symétrique de l'arc ADB. La courbe est ensuite composée d'une infinité de branches identiques à ADBEF. La surface qui a cette courbe pour méridien a été appelée par Plateau un *nodoïde*.

Fig. 14.

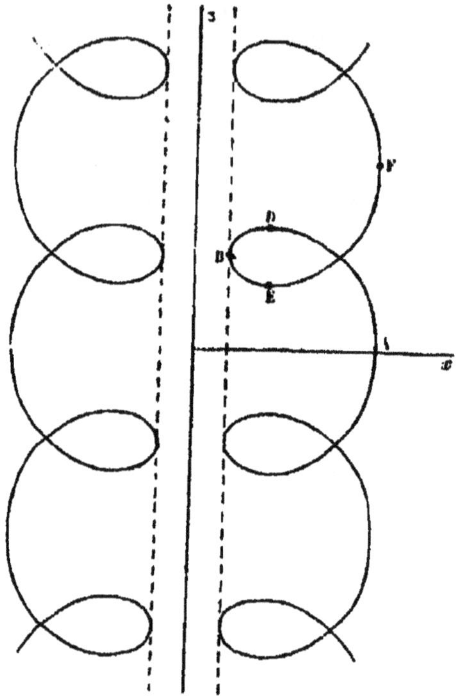

11. Le méridien de l'onduloïde ou du nodoïde peut être obtenu par le roulement sans glissement d'une ellipse ou d'une hyperbole dans un plan sur l'axe de révolution. Le foyer de la conique engendrera en effet le méridien de la surface, comme l'a démontré Delaunay (*Journal de Liouville*, t. VI; 1841).

Pour obtenir ces figures d'équilibre, Plateau commençait par établir dans le vase deux disques horizontaux et de même axe, et il formait un cylindre d'huile dont les bases étaient sur ces disques. En rapprochant lentement ces disques, le cylindre droit se change en une portion d'onduloïde, dont le plus grand cercle parallèle est à égale distance des deux disques. Si l'on rapproche encore les plaques, on obtient une portion de sphère, puis une portion de nodoïde, où n'entrent jamais de parties correspondant à l'arc BD.

Si, après avoir formé le cylindre précédent, on enlève avec une pipette de l'huile au milieu, on aura un onduloïde qui aura son cercle de gorge à égale distance des deux bases. Jamais la grandeur de l'onduloïde ne dépasse la distance comprise entre deux cercles de gorge consécutifs.

Si, au lieu de deux disques, on emploie deux anneaux de fil de fer qui servent d'abord de bases au cylindre, ce cylindre sera terminé par deux calottes sphériques convexes égales. En rapprochant les deux anneaux, on pourra obtenir de même un onduloïde ou un nodoïde, terminé par deux calottes sphériques convexes.

Stabilité de l'équilibre d'un cylindre sans pesanteur.

12. Occupons-nous de la stabilité de l'équilibre d'un cylindre d'huile placé entre deux disques parallèles dans le mélange de Plateau. Il résulte des expériences de ce physicien que ce cylindre serait stable tant que sa hauteur ne dépasserait pas la circonférence de sa base; mais il deviendrait instable dès que la hauteur dépasse cette circonférence. Nous allons rechercher si cette proposition est absolument exacte.

Il faut, comme nous avons vu au n° 7, pour que l'équilibre du cylindre soit stable, que sa surface soit plus petite que toutes celles dans lesquelles elle peut se changer par une déformation très petite.

Supposons d'abord qu'on déforme infiniment peu ce cylindre, de manière que la surface conserve son axe de révolution et qu'elle reste une surface d'équilibre, de sorte que la somme des courbures principales sera la même dans toute l'étendue de la surface.

L'équation du méridien de ces surfaces est (n° 8)

$$\frac{x\dfrac{dz}{dx}}{\sqrt{1+\left(\dfrac{dz}{dx}\right)^2}} = \frac{Cx^2}{2} + C'$$

ou, si nous posons $\dfrac{dx}{dz} = p$,

$$\frac{x}{\sqrt{1+p^2}} = \frac{Cx^2}{2} + C'. \qquad (1)$$

Dans le cas particulier où cette surface se réduit à un cylindre, on a $p = 0$, et l'équation devient

$$x = \frac{Cx^2}{2} + C',$$

$$x = \frac{1}{C} \pm \frac{1}{C}\sqrt{1 - 2CC'}.$$

Comme x a alors une seule valeur, nous devons supposer que le radical est nul; ainsi nous avons

$$2CC' = 1$$

et, en désignant par R le rayon du cylindre,

$$C = \frac{1}{R}, \quad C' = \frac{R}{2}.$$

Pour l'onduloïde infiniment voisin provenant de la déformation du cylindre, C et C′ doivent prendre des valeurs infiniment peu différentes $\frac{1}{R} + \varepsilon$, $\frac{R}{2} + \eta$; posons aussi

$$x = R + u,$$

u sera infiniment petit, et, comme p l'est aussi, l'équation (1) deviendra

$$(R + u)\left(1 - \frac{p^2}{2}\right) = \left(\frac{1}{2R} + \frac{\varepsilon}{2}\right)(R^2 + 2uR + u^2) + \frac{R}{2} + \eta,$$

$$dz = \frac{R\,du}{\sqrt{-R^3\varepsilon - 2R\eta - 2R^2\varepsilon u - u^2}},$$

et, en intégrant, on aura

$$\frac{z}{R} = \arccos\frac{R^2\varepsilon + u}{\sqrt{-R^3\varepsilon - 2R\eta}} + D, \tag{2}$$

D étant une constante arbitraire. La valeur de u s'annulera pour des valeurs de z distantes de πR. Le radical devant être réel, on en conclut

$$-R^3\varepsilon - 2\eta > 0. \tag{3}$$

Calculons l'aire S de la surface; nous aurons

$$S = 2\pi\int x\sqrt{1 + p^2}\,dz,$$

puis, en posant

$$A = -R^2\varepsilon - 2R\eta, \quad B = -2R^2\varepsilon,$$

nous obtenons

$$\frac{S}{2\pi R} = R\left(1 - \frac{R}{2}\varepsilon - \frac{\eta}{R}\right)\int \frac{du}{\sqrt{A + Bu - u^2}} + \int \frac{u\,du}{\sqrt{A + Bu - u^2}}$$

$$= -\sqrt{A + Bu - u^2} + \left(R - \frac{3R^2}{2}\varepsilon - \eta\right) \operatorname{arc\,cos} \frac{R^2\varepsilon + u}{\sqrt{-R^2\varepsilon - 2R\eta}} + \text{const.}$$

ou, d'après la formule (2),

$$\frac{S}{2\pi R} = -\sqrt{A + Bu - u^2} + \sqrt{A + Bu_0 - u_0^2} + \left(1 - \frac{3R}{2}\varepsilon - \frac{\eta}{R}\right)(z - z_0),$$

u_0, z_0 étant les valeurs de u, z sur la base inférieure, et les lettres u, z sont conservées sans changement pour la base supérieure.

Exprimons ensuite que le volume n'a pas changé. On a, pour ce volume,

$$V = \pi\int x^2\,dz = \pi R \int \frac{(R^2 + 2Ru)\,du}{\sqrt{A + Bu - u^2}},$$

$$V = -2\pi R^2\sqrt{A + Bu - u^2} + \pi R^2(R + B) \operatorname{arc\,cos} \frac{R^2\varepsilon + u}{\sqrt{A}} + \text{const.},$$

et, si $z - z_0$ est plus petit que $2\pi R$, on déduit de (2)

$$V = \pi R^2(z - z_0) + \pi RB(z - z_0) - 2\pi R^2\left(\sqrt{A + Bu - u^2} - \sqrt{A + Bu_0 - u_0^2}\right).$$

Le volume du cylindre est donné par le premier terme; il faut donc que la partie restante de V soit nulle, ce qui donne

$$\sqrt{A + Bu - u^2} - \sqrt{A + Bu_0 - u_0^2} = -R\varepsilon(z - z_0).$$

Remplaçant dans S, on a

$$S = 2\pi R(z - z_0)\left(1 - \frac{R}{2}\varepsilon - \frac{\eta}{R}\right),$$

et, d'après l'inégalité (3), S est toujours plus grand que la surface du cylindre $2\pi R(z - z_0)$.

Donc, *si la hauteur du cylindre est moindre que la circonférence de ses bases, sa surface latérale est moindre que celle de l'onduloïde infiniment voisin dans lequel le cylindre peut se changer.* Ce cylindre ayant donc été ainsi déformé, il tendra à reprendre sa forme première.

13. Nous allons considérer une autre déformation du cylindre, en supposant encore que sa hauteur soit plus petite que la circonférence $2\pi R$ de sa base. Concevons que le cylindre se change en une surface de révolution dont le méridien ait pour équation

$$(a) \qquad x = R - \mu + b \sin \frac{\pi z}{l},$$

où μ et b sont infiniment petits, et supposons l'axe des x mené à la moitié de la hauteur du cylindre.

Désignons par $2h$ la hauteur du cylindre; nous aurons, pour expression du volume de révolution,

$$V = \pi \int_{-h}^{h} x^2 \, dz,$$

et, en remplaçant x par sa valeur (a),

$$V = 2\pi h \left[(R-\mu)^2 + \frac{b^2}{2} \right] - \frac{b^2 l}{2} \sin \frac{2\pi h}{l}.$$

Ce volume est égal à $2\pi R^2 h$; on en conclut la valeur de μ.

$$(b) \qquad \mu = \frac{b^2}{4R} - \frac{b^2 l}{8\pi R h} \sin \frac{2\pi h}{l}.$$

Calculons ensuite la surface; nous aurons

$$S = 2\pi \int x \, ds = 2\pi \int x \sqrt{1 + \frac{b^2 \pi^2}{l^2} \cos^2 \frac{\pi z}{l}} \, dz$$
$$= 2\pi \int \left(R - \mu + b \sin \frac{\pi z}{l} \right) \left(1 + \frac{b^2 \pi^2}{2 l^2} \cos^2 \frac{\pi z}{l} \right) dz.$$

En effectuant le calcul, on obtient

$$S = 4\pi R h + 2\pi \left(-2\mu h + \frac{b^2 \pi^2}{2 l^2} R h + \frac{\pi b^2 R}{4 l} \sin \frac{2\pi h}{l} \right);$$

remplaçons μ par la valeur (b), et nous aurons

$$S = 4\pi R h + \frac{\pi b^2 h}{R l^2}(\pi^2 R^2 - l^2) + \frac{b^2}{2 R l}(\pi^2 R^2 + l^2)\sin\frac{2\pi h}{l}.$$

La surface du cylindre est $4\pi R h$, et, pour reconnaître si S peut être plus petit que cette surface, il suffit d'examiner le signe de la quantité

$$(c) \qquad \frac{2\pi h}{l}(\pi^2 R^2 - l^2) + (\pi^2 R^2 + l^2)\sin\frac{2\pi h}{l}.$$

Supposons

$$h < R\pi < l,$$

nous pouvons alors poser

$$\frac{h}{l} = 1 - k,$$

$$\sin\frac{2\pi h}{l} = -\sin 2\pi k,$$

et, si nous prenons k entre zéro et $\frac{1}{2}$, $\sin\frac{2\pi h}{l}$ sera négatif; par suite, l'expression (c) le sera aussi. Il en résultera toutefois

$$\frac{h}{l} > \frac{1}{2}, \quad l < 2h, \quad 2h > R\pi;$$

ainsi ce calcul suppose la hauteur du cylindre comprise entre πR et 2πR.

Remarquons que, en opérant comme nous venons de le faire, on rend négatives les deux parties de l'expression (c); ce qui n'est pas nécessaire pour que cette expression soit elle-même négative. Il en résulte que l'instabilité de l'équilibre du cylindre commence pour une valeur de sa hauteur notablement inférieure à πR.

14. De ce qui précède, on doit conclure que Plateau s'est trompé quand il dit au § 418 de son bel Ouvrage (*Statique expérimentale et théorique des liquides*) :

« Pour tout intervalle des bases moindre que leur circonférence, la » surface du cylindre est *minimæ areæ* d'une manière complète, c'est-» à-dire à l'égard de toute espèce de petite déformation. »

Cette proposition n'étant pas exacte, il faut maintenant s'expliquer comment Plateau a pu admettre, d'après ses expériences, que le cylindre est stable, quand sa hauteur ne dépasse pas $2\pi R$.

Il faut d'abord remarquer que si, dans la déformation, la grandeur des bases de la figure vient à changer, la variation δU ne se réduira pas à $-g\tau\,\delta T$, comme nous l'avons trouvé (n° 7); mais, si nous désignons par u_0 et u les variations des rayons des bases et par b^2 une constante, nous aurons

$$\delta U = -g\tau\,\delta T + 2\pi R b^2(u + u_0).$$

Si les bases se rétrécissent, le second terme est négatif; δU peut donc être négatif, sans que son premier terme le soit. Remarquons aussi que le liquide peut être un peu maintenu par les disques à cause de l'adhérence et du frottement.

Toutefois ces raisons ne suffisent pas pour expliquer comment, d'après l'expérience, l'équilibre est stable tant que la hauteur est plus petite que $2\pi R$. Mais les déplacements très petits que l'on communique ordinairement à la colonne liquide, et par exemple en donnant un mouvement vibratoire au vase, ne sont pas absolument quelconques. On conçoit que, en se déformant, la colonne liquide ait une tendance à passer par des figures d'équilibre. C'est, en effet, ce qui a été reconnu par Plateau. Alors, d'après ce qu'on a vu au n° 12, le méridien de la surface devient une sinusoïde dont le pas est égal à $2\pi R$, et la surface déformée est plus grande que celle du cylindre, si la hauteur de la figure est inférieure à $2\pi R$.

15. Plateau a étudié expérimentalement les déformations successives d'un cylindre très allongé d'un liquide sans pesanteur, dont les deux bases sont au contact de deux disques horizontaux. En faisant vibrer cette colonne, il y produit des ventres et des étranglements qui se suivent régulièrement, et, quand la figure se rompt, elle se partage en deux ou trois espèces de sphères qui se succèdent aussi régulièrement. Beer, qui a calculé le premier l'onduloïde et le nodoïde, a aussi étudié ces faits par l'analyse (*Einleitung in die Elasticität und Capillarität*); mais on doit toutefois remarquer que c'est après avoir admis certains faits d'expérience qu'il en calcule d'autres rigoureusement. Remarquons aussi, comme l'a déjà observé Plateau, que quand les surfaces d'équilibre ne sont pas *minimæ areæ*, en sorte qu'elles ne sont pas stables, on ne doit pas les regarder comme des surfaces *maximæ areæ*, ainsi que l'a fait Beer. Ces surfaces de révolution sont en général *minimæ areæ*, parmi les surfaces qui renferment le même volume, entre un cercle parallèle donné et un autre cercle suffisamment rapproché.

Figures d'équilibre d'un liquide sans pesanteur, qui ne sont pas de révolution.

16. Les surfaces renfermées dans l'équation

$$\frac{1}{R} + \frac{1}{R_1} = \text{const.},$$

et qui ne sont pas de révolution, ne peuvent pas être fermées; mais on peut obtenir, dans l'appareil de Plateau, une masse d'huile terminée par une pareille surface, en l'assujettissant à passer par deux fils de fer qui la limitent.

Au lieu de soustraire une masse liquide complètement à l'action de la pesanteur, on peut rendre cette action excessivement faible et négligeable vis-à-vis des forces moléculaires. Pour cela, Plateau forme une ligne fermée gauche au moyen d'un fil de fer, et il la plonge dans un liquide convenablement choisi; après que le fil est retiré, une lame mince de liquide terminée à ce fil peut se maintenir un certain temps.

La lame étant soumise sur ses deux faces à la pression de l'atmosphère, la pression normale provenant de l'action capillaire doit être nulle; ainsi l'on a

$$\text{(A)} \qquad \frac{1}{R} + \frac{1}{R_1} = 0$$

pour la surface d'équilibre affectée par la lame. Les surfaces que nous avons considérées précédemment sont minima pour un volume donné qu'elles devaient renfermer; celles-ci sont minima sans condition, pourvu toutefois qu'on n'en prenne pas une trop grande étendue. C'est aussi seulement dans ce cas que l'équilibre sera stable et, par conséquent, que la lame liquide pourra se maintenir. On reconnaît que ces surfaces sont minima par la formule qui donne la variation de leur aire quand on passe à une surface infiniment voisine

$$\delta\sigma = -\int\left(\frac{1}{R}+\frac{1}{R_1}\right)\delta n\,d\sigma$$

(Chap. I, n° 8) : l'élément δn de normale étant quelconque, il faut, pour que $\delta\sigma$ soit nul, qu'on ait l'équation (A).

Les surfaces fournies par l'équation (A) ont été étudiées par Monge, MM. Ossian Bonnet, Scherk, Schwarz, Enneper. Plateau a cherché d'abord à reproduire quelques-unes de ces surfaces qui avaient été définies d'une manière particulière par ces géomètres ; puis il a reconnu expérimentalement que, par un contour donné, on peut en général faire passer une lame mince et par conséquent une surface satisfaisant à l'équation (A).

Riemann a précisément soumis à l'analyse les surfaces fournies par l'équation (A) et qui passent par des lignes limites données ; mais on ne voit pas dans son Mémoire d'équations de ces surfaces sous forme finie.

Poids des liquides superposés dans un tube capillaire.

17. Supposons deux liquides renfermés dans un tube capillaire, le plus léger de densité ρ', le plus lourd de densité ρ, et le tube plongé aussi dans ce dernier liquide. Soient h' et h les hauteurs moyennes des deux liquides dans le tube, au-dessus de la surface de niveau dans le vase.

Imaginons un abaissement infiniment petit de même grandeur, représenté par $-\delta h$, pour tous les points du liquide renfermé dans le tube, et par δh_1 l'élévation correspondante de chaque point de la surface extérieure. Appliquons l'équation (A) du n° 1 ; nous aurons d'abord

$$\delta\int z\,d\varpi = -\delta h\int_b z\,dx\,dy + \int_B z\,\delta h_1\,dx\,dy;$$

z, dans la première intégrale du second membre, représente la hauteur d'un point de la surface du ménisque et dans la seconde intégrale la hauteur d'un point de la surface du liquide du vase ; les indices b et B indiquent que les intégrales s'étendent aux sections b et B du tube et du vase.

La valeur moyenne de la quantité positive δh_1 est à δh comme b est à B, et comme z n'a que de très petites valeurs dans la seconde intégrale, elle est négligeable. Ainsi $\delta \int z\, d\varpi$ se réduit à $-bh\,\delta h$.

En considérant la même quantité pour le liquide moins dense, on aura

$$\delta \int z'\, d\varpi' = -b(h' - h)\,\delta h.$$

On a ensuite

$$\delta\sigma = 0, \quad \delta\sigma' = 0, \quad \delta T = 0, \quad \delta\Omega' = 0,$$

et si l'on désigne par l et L les périmètres des sections du tube et du vase, on a

$$\delta\Omega = -l\,\delta h - L\,\delta h_1,$$

mais la quantité $N\,\delta\Omega$ de la formule (A) doit être remplacée par ces deux parties

$$-N l\,\delta h + N_1 L\,\delta h_1 = -N l\,\delta h + N_1 L \frac{b}{B}\,\delta h,$$

en désignant par N_1 ce que devient N quand on passe du tube au vase; toutefois le second terme est négligeable devant le premier.

Ainsi l'équation (A) du n° 1 deviendra

$$(H) \qquad \rho b h + \rho' b(h' - h) = -\rho N l,$$

et si l'on fait (Chap. I, n° 9)

$$N = -M \cos i,$$

on obtient

$$(K) \qquad \rho b h + \rho' b(h' - h) = \rho l M \cos i.$$

Le premier membre représente le poids du liquide soulevé dans le tube, et l'on trouve ainsi ce théorème donné par Laplace : *Le poids du liquide soulevé dans le tube ne dépend que du liquide inférieur.*

18. Il faut toutefois remarquer que, si le liquide inférieur mouille le tube, on n'a pas en général $N = -M \cos i = -M$, en faisant $i = 0$; mais, d'après ce qu'on a vu (Chap. I, n° 10), i peut être imaginaire, et l'on a alors $-N > M$. Le poids soulevé pourrait donc être plus grand que celui qui est indiqué par la formule (K), et la détermination expérimentale de ce poids pourrait servir à calculer N d'après (H).

On doit observer que, dans la formule (H), on ne peut supposer que le liquide supérieur disparaisse complètement, parce que l'angle de raccordement du liquide inférieur avec le tube varierait brusquement. Cependant personne ne me semble avoir fait cette remarque.

Citons une expérience de Thomas Young qu'il a donnée comme étant en contradiction avec la théorie de Laplace. Une petite goutte d'huile était introduite par le haut dans un tube capillaire qui renfermait de l'eau, et la surface supérieure de l'huile s'est abaissée au-dessous de la surface primitive de l'eau.

On peut expliquer ainsi ce fait. Admettons que l'angle de raccordement de l'eau avec le verre ne soit pas zéro, mais un petit angle que nous appellerons i. Désignons par H la hauteur à laquelle s'élève l'eau dans le tube mouillé préalablement par ce liquide; nous aurons

$$\rho b H = \rho M l.$$

Enfonçons le tube de manière que l'eau vienne jusqu'à l'extrémité supérieure, puis introduisons une très petite goutte d'huile et relevons le tube; nous pourrons alors appliquer la formule (K), qui montre que le poids soulevé dans le tube capillaire sera moindre que précédemment. On comprend donc que, si la goutte d'huile est très petite, la surface supérieure de l'huile dans le tube se trouve plus bas que la surface de l'eau quand le tube ne renfermait que l'eau. On voit de plus que cette expérience, faite avec précision, pourrait servir à déterminer l'angle i.

19. Supposons que le tube capillaire soit formé de deux matières différentes, séparées par une section droite. Si le liquide supérieur reste au-dessus de cette section, la formule (H) subsistera, N désignant une constante relative au liquide inférieur et à la partie supérieure du tube, ainsi qu'on le voit d'après le raisonnement qui a servi à établir cette formule.

Si le liquide supérieur est en partie au-dessus, en partie au-dessous de la même section, désignons par N_1 et N'_1 ce que devient N quand on prend la partie inférieure du tube avec les liquides inférieur et supérieur. Il faudra, dans la formule (A), remplacer

$$N\,\delta a \quad \text{par} \quad -N_1 l\,\delta h,$$
$$N'\,\delta a' \quad \text{par} \quad -N' l\,\delta h + N'_1 l\,\delta h,$$

et, au lieu de la formule (H), nous aurons

$$\rho b h + \rho' b (h' - h) = -N_1 l + (N' - N'_1) l.$$

Enfoncement d'un tube capillaire dans un vase renfermant deux liquides superposés.

20. On a un vase indéfini renfermant deux liquides. Plongeons-y verticalement un tube capillaire et cessons d'abord de l'enfoncer quand l'extrémité inférieure du tube rencontre le fond CD du liquide supérieur (*fig.* 15); alors le tube ne renfermera que du liquide de densité ρ', et si nous désignons par λ la longueur moyenne de la colonne soulevée dans le tube au-dessus de CD, par H' la hauteur moyenne de la surface

Fig. 15.

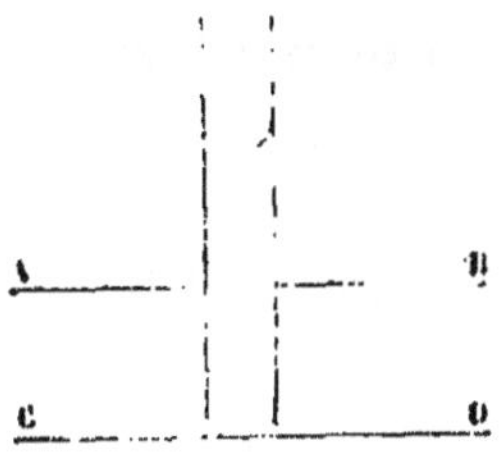

Fig. 16.

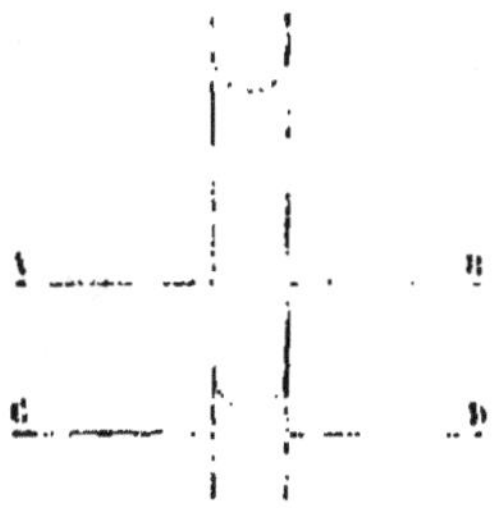

du ménisque au-dessus du niveau AB du liquide supérieur et par k la distance des niveaux AB et CD, nous aurons

$$\lambda = H' + k.$$

Continuons à enfoncer le tube. La colonne λ du liquide supérieur restera dans le tube, et il s'y introduira de plus du liquide inférieur (*fig.* 16). Désignons par h la hauteur moyenne du ménisque inférieur au-dessus de CD et remarquons que, d'après le théorème du n° 17, le poids soulevé au-dessus de CD, $\rho' b \lambda + \rho b h$, ne dépend pas de la nature du liquide supérieur; nous aurons, si l'angle i est réel,

$$\rho' b\lambda + \rho bh = \rho bH + \rho' bh,$$

H étant la hauteur à laquelle s'élèverait le liquide inférieur dans un tube capillaire, s'il existait seul. En remplaçant λ par sa valeur, on a

$$\rho h = \rho H - \rho' H',$$

équation qui détermine h.

21. Enfonçons le tube davantage et de manière que l'extrémité inférieure plonge dans le liquide plus dense et l'extrémité supérieure dans le liquide moins dense.

Concevons qu'on donne un très petit déplacement vertical de haut en bas aux molécules du liquide intérieur au tube et le même pour toutes; puis appliquons l'équation (A) du n° 1, nous aurons, en désignant par h la hauteur moyenne de la surface de séparation des deux liquides dans le tube au-dessus de CD,

$$\delta \int z\, d\varpi = -bh\,\delta h, \quad \delta \int z'\, d\varpi' = bh\,\delta h,$$
$$\delta\omega = -l\,\delta h, \qquad \delta\omega' = l\,\delta h,$$

et l'équation du principe des vitesses virtuelles deviendra

$$-\rho bh + \rho' bh - Nl + N'l = 0.$$

Or, H et H' étant l'élévation moyenne du premier et du second liquide dans un tube capillaire, on a

$$\rho bH = -Nl, \quad \rho' bH' = -N'l,$$

et, en remplaçant dans l'équation précédente,

$$(\rho - \rho')h = \rho H - \rho' H'.$$

Sur la hauteur des sommets de deux liquides superposés dans un tube capillaire et circulaire qui plonge dans le liquide inférieur.

22. Deux liquides étant superposés dans un tube capillaire vertical dont la section droite est un cercle, désignons par z' la coordonnée de la surface du liquide supérieur et par z celle de la surface de séparation des deux liquides. Comme au Chap. II, désignons la quantité positive M par a^2 et M' par a'^2; la quantité

$$\frac{\tau}{\rho - \rho'} = a_1^2$$

remplace a'^2, quand on passe de la surface supérieure à la surface de séparation.

La coordonnée z' de la surface du liquide supérieur ne diffère que par une constante de celle qu'on aurait s'il n'existait que ce liquide, puisque le ménisque reste le même. On aura donc, l' étant une constante inconnue (Chap. II, n° 14),

$$z' = l' - \sqrt{c^2 - x^2} + \frac{c^3}{3a'^2} \log \frac{c + \sqrt{c^2 - x^2}}{2c},$$

avec

$$c = \frac{r}{\cos i'} - \frac{r^3}{3a'^2} \frac{\operatorname{tang}^2 i'}{(1 + \sin i')\cos i'},$$

i' étant l'angle de raccordement du liquide supérieur avec le tube. De même, i_1 étant l'angle de raccordement de la surface de séparation, on aura, pour l'ordonnée de cette surface,

$$z_1 = l - \sqrt{c_1^2 - x^2} + \frac{c_1^3}{3a_1^2} \log \frac{c_1 + \sqrt{c_1^2 - x^2}}{2c_1},$$

$$c_1 = \frac{r}{\cos i_1} - \frac{r^3}{3a_1^2} \frac{\operatorname{tang}^2 i_1}{(1 + \sin i_1)\cos i_1}.$$

Les quantités l et l' sont deux constantes qu'il faut calculer.

Si l'on suppose qu'on a déterminé expérimentalement la distance k des deux sommets, on aura

$$(a) \qquad l' - l = k + c - c_1.$$

Si, au lieu de cette donnée, on connaît le volume $\pi r^2 \varepsilon$ de la masse supérieure, cette équation sera remplacée par

$$(b) \qquad 2\pi \int_0^r (z' - z) x \, dx = \pi r^2 \varepsilon.$$

Ensuite, comme nous savons que le poids du liquide soulevé dans le tube est $-\rho \cdot 2\pi r N$ (nº 17), nous aurons

$$2\pi\rho'\int_0^r (z'-z)x\,dx + 2\pi\rho\int_0^r zx\,dx = -\rho 2\pi r N$$

ou

$$(c) \qquad \rho'\int_0^r z'x\,dx + (\rho-\rho')\int_0^r zx\,dx = -\rho r N.$$

L'équation (c) avec (a) ou (b) détermine l et l'.

Si l'on se contente d'une approximation où l'on regarde les surfaces des deux liquides comme sphériques, on aura

$$z' = l' - \sqrt{c^2 - x^2}, \quad c = \frac{r}{\cos i'},$$

$$z = l - \sqrt{c_1^2 - x^2}, \quad c_1 = \frac{r}{\cos i_1},$$

et l'équation (c) deviendra

$$\rho'\left[\frac{l'r^2}{2} + \frac{1}{3}(c^2-r^2)^{\frac{3}{2}} - \frac{1}{3}c^3\right] + (\rho-\rho')\left[\frac{lr^2}{2} + \frac{1}{3}(c_1^2-r^2)^{\frac{3}{2}} - \frac{1}{3}c_1^3\right] = -\rho r N.$$

Si l'on a l'équation (a), on en conclura

$$l = -\frac{2}{r}N - \frac{\rho'}{\rho}\left[k + c - c_1 + \frac{2}{3}\frac{1}{r^2}(c^2-r^2)^{\frac{3}{2}} - \frac{2}{3}\frac{c^3}{r^2}\right]$$
$$-\left(1-\frac{\rho'}{\rho}\right)\left[\frac{2}{3}\frac{1}{r^2}(c_1^2-r^2)^{\frac{3}{2}} - \frac{2c_1^3}{3r^2}\right].$$

Si c'est, au contraire, l'équation (b) à laquelle on doit satisfaire, on tirera de cette équation et de (c)

$$\int_0^r zx\,dx = -Nr - \frac{\rho'}{\rho}\frac{r^2\varepsilon}{2},$$

$$\int_0^r z'x\,dx = -Nr + \frac{\rho-\rho'}{\rho}\frac{r^2\varepsilon}{2},$$

ou, en remplaçant les deux intégrales par leurs valeurs déjà employées ci-dessus,

$$l = -\frac{2}{r}N - \frac{\rho'}{\rho}\varepsilon - \frac{2}{3}r\,\mathrm{tang}^3 i_1 + \frac{2}{3}\frac{r}{\cos^3 i_1},$$

$$l' = -\frac{2}{r}N + \frac{\rho-\rho'}{\rho}\varepsilon - \frac{2}{3}r\,\mathrm{tang}^3 i' + \frac{2}{3}\frac{r}{\cos^3 i'}.$$

SUR LA SUSPENSION D'UN LIQUIDE DANS L'AIR AU MOYEN D'UN TUBE CAPILLAIRE.

Suspension d'un liquide par un tube vertical de révolution.

23. Supposons que la surface intérieure du tube soit de révolution et qu'elle ait son axe vertical (*fig.* 17). Les surfaces inférieure et supérieure BCB' et AC'A' du liquide suspendu dans ce tube seront aussi de révolution autour du même axe.

Fig. 17.

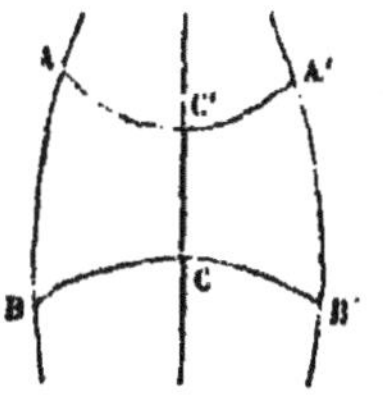

Désignons respectivement par z et z' les hauteurs des points des surfaces BCB' et AC'A' au-dessus d'un plan horizontal. Si R, R_1 et R', R'_1 sont les rayons de courbure principaux en un point quelconque de ces surfaces, on aura

$$(1) \qquad \frac{1}{R} + \frac{1}{R_1} = \frac{z-k}{a^2}, \quad \frac{1}{R'} + \frac{1}{R'_1} = \frac{z'-k}{a^2}.$$

Je dis qu'on doit prendre la même constante k dans ces deux équations. En effet, désignons par h et h' les valeurs de z et z' aux deux sommets C et C' et par γ et γ' les rayons de courbure en ces points, nous aurons

$$h' - h = a^2\left(\frac{2}{\gamma'} - \frac{2}{\gamma}\right)$$

ou

$$(2) \qquad g\rho(h' - h) = g\rho a^2\left(\frac{2}{\gamma'} - \frac{2}{\gamma}\right);$$

car cette équation exprime que le poids d'un filet vertical liquide, compris entre les deux sommets, est égal à la différence d'action des deux ménisques qui terminent ce filet. Or l'équation (2) se déduit des équations (1) retranchées l'une de l'autre, et montre qu'il fallait prendre la même constante k dans ces deux équations.

D'après ce que nous avons vu (Chap. II, n° 1), les deux équations (1) peuvent s'écrire, en désignant par x la distance d'un point à l'axe,

$$(3)\qquad \frac{d^2z}{dx^2} + \frac{1}{x}\frac{dz}{dx}\left[1+\left(\frac{dz}{dx}\right)^2\right] = \frac{1}{a^2}(z-k)\left[1+\left(\frac{dz}{dx}\right)^2\right]^{\frac{3}{2}},$$

$$(4)\qquad \frac{d^2z'}{dx^2} + \frac{1}{x}\frac{dz'}{dx}\left[1+\left(\frac{dz'}{dx}\right)^2\right] = \frac{1}{a^2}(z'-k)\left[1+\left(\frac{dz'}{dx}\right)^2\right]^{\frac{3}{2}}.$$

De la seconde de ces équations, on tire (Chap. II, n° 14)

$$z'-k = \frac{2a^2}{c'} + \frac{2}{3}c' - \sqrt{c'^2-x^2} + \frac{c'^3}{3a^2}\log\frac{c'+\sqrt{c'^2-x^2}}{2c'},$$

avec

$$c' = \frac{r'}{\cos j'} - \frac{r'^3}{3a^2}\,\frac{1}{\cos^4 j'}\,\frac{\sin^3 j'}{1+\sin j'},$$

r' étant le rayon du cercle AA' et j' étant l'angle de la tangente à la courbe ACA' avec la verticale menée de haut en bas. En modifiant le calcul du n° 14 du Chap. II pour obtenir z au moyen de l'équation (3), on trouve

$$z-k = \frac{2a^2}{c} - \frac{2}{3}c + \sqrt{c^2-x^2} - \frac{c^3}{3a^2}\log\frac{c+\sqrt{c^2-x^2}}{2c},$$

$$c = \frac{r}{\cos j} + \frac{r^3}{3a^2}\,\frac{1}{\cos^4 j}\,\frac{\sin^3 j}{1+\sin j},$$

r étant le rayon du cercle BB' et j l'angle aigu de la tangente en B à la courbe BCB' avec la verticale. Si l'on connaît les positions des points A et B, les angles j et j' se déduisent immédiatement de l'angle i de raccordement de la surface du liquide avec la paroi.

Une goutte de liquide étant placée dans un pareil tube, l'équilibre ne s'y établira pas en général sans un déplacement de toute la goutte qui montera ou descendra. Pour trouver sa position d'équilibre, il faudra exprimer qu'aux points A et B les coordonnées z' et z des ménisques coïncident avec la coordonnée z du méridien du tube, et que la goutte a un volume donné. Les lignes trigonométriques de j et j' doivent d'ailleurs se déduire de l'équation du méridien AB.

Suspension d'un liquide dans un tube conique vertical.

24. Pour qu'une colonne liquide d'un volume donné reste en suspension dans un tube conique dont l'axe est vertical (*fig.* 18), il faut

Fig. 18.

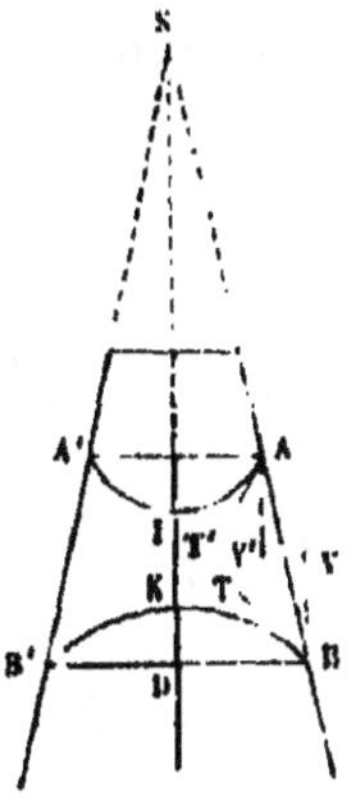

que le sommet du cône soit en haut si les ménisques sont concaves, et en bas s'ils sont convexes. Considérons le cas où ces surfaces sont concaves.

Désignons par 2β l'angle au sommet du cône et par i l'angle aigu de raccordement; enfin par j et j' les angles aigus du plan tangent au bord des ménisques inférieur et supérieur avec la verticale. Nous aurons, BV et AV' étant deux verticales,

$$\mathrm{TBV} = j = i + \beta, \quad \mathrm{T'AV'} = j' = i - \beta.$$

D'après le numéro précédent, en négligeant des termes très petits, on aura, pour les coordonnées z' et z des surfaces AIA' et BKB' qui terminent la colonne liquide,

$$z' = k + \frac{2a^2\cos j'}{r'} + \frac{2}{3}\frac{r'}{\cos j'} - \sqrt{\frac{r'^2}{\cos^2 j'} - x'^2},$$

$$z = k + \frac{2a^2\cos j}{r} - \frac{2}{3}\frac{r}{\cos j} + \sqrt{\frac{r^2}{\cos^2 j} - x^2}.$$

Désignons par Z' et Z les valeurs de z' et z sur les bords des ménisques ou pour $x = r'$ et r; puis retranchons-en z' et z, nous aurons

$$Z' - z' = \frac{r'}{\cos j'}\left(\sqrt{1 - \frac{x^2\cos^2 j'}{r'^2}} - \sin j'\right),$$

$$z - Z = \frac{r}{\cos j}\left(\sqrt{1 - \frac{x^2\cos^2 j}{r^2}} - \sin j\right).$$

Représentons par V le volume du tronc de cône AA'BB' et par v, v' les volumes AIA' et BKB'; nous aurons

$$\mathrm{SD} = \frac{r}{\operatorname{tang}\beta}, \quad \mathrm{SD}' = \frac{r'}{\operatorname{tang}\beta},$$

$$V = \frac{\pi}{3}(r^2 + r'^2 + rr')\frac{r - r'}{\operatorname{tang}\beta},$$

$$v = 2\pi\int_0^r (z - Z)\,x\,dx = \frac{\pi r^3}{3\cos^3 j}(2 - 3\sin j + \sin^3 j),$$

$$v' = 2\pi\int_0^{r'} (Z' - z')\,x\,dx = \frac{\pi r'^3}{3\cos^3 j'}(2 - 3\sin j' + \sin^3 j').$$

Supposons que nous comptions les coordonnées z et z' à partir du sommet S du cône; comme elles étaient supposées positives, étant comptées de bas en haut, nous aurons

$$Z = -\frac{r}{\operatorname{tang}\beta}, \quad Z' = -\frac{r'}{\operatorname{tang}\beta};$$

égalons ces expressions à celles que nous avons obtenues précédemment pour les mêmes quantités; nous aurons

$$(1) \qquad -\frac{r}{\operatorname{tang}\beta} = k + \frac{2a^2\cos j}{r} - \frac{2}{3}\frac{r}{\cos j} + r\operatorname{tang} j,$$

$$(2) \qquad -\frac{r'}{\operatorname{tang}\beta} = k + \frac{2a^2\cos j'}{r'} + \frac{2}{3}\frac{r'}{\cos j'} - r'\operatorname{tang} j'.$$

Désignons par m^3 le volume donné de la goutte, nous aurons

$$m^3 = V - v - v'$$

ou

$$(3) \quad \begin{cases} m^3 = \dfrac{\pi}{3}(r^2 + r'^2 + rr')\dfrac{r - r'}{\operatorname{tang}\beta} \\ \qquad - \dfrac{\pi r^3}{3\cos^3 j}(2 - 3\sin j + \sin^3 j) - \dfrac{\pi r'^3}{3\cos^3 j'}(2 - 3\sin j' + \sin^3 j'). \end{cases}$$

Les trois équations (1), (2), (3) serviront à déterminer les trois quantités r, r', k.

25. Dans ce qui précède, j'ai supposé que la verticale ne rencontre jamais la surface AIA' qu'en un point. En particulier, elle rencontre cette surface vers son bord en deux points si l'angle i est nul. Si la surface AIA' est traversée en deux points par la verticale, nous aurons $j' = \beta - i$; mais, dans les formules précédentes, il faudrait changer le signe de j', comme on le voit facilement. On peut donc conserver les formules précédentes en regardant j' comme négatif.

Considérons le cas où i est nul, nous aurons $j = \beta$, $j' = -\beta$, et, en retranchant (1) et (2), nous aurons

$$(r - r')\left(\frac{1}{\operatorname{tang}\beta} - \frac{2a^2\cos\beta}{rr'} + \operatorname{tang}\beta\right) = \frac{2}{3}\,\frac{r - r'}{\cos\beta},$$

$$m^3 = \frac{\pi}{3}(r^3 - r'^3)\left(\frac{1}{\operatorname{tang}\beta} + \frac{3\operatorname{tang}\beta}{\cos^2\beta}\right) - \frac{2\pi}{3}\,\frac{r^3 + r'^3}{\cos^4\beta}.$$

L'angle β est très petit; si de plus la longueur de la goutte est très petite par rapport à la distance du milieu de la goutte au sommet du cône, on pourra écrire ainsi ces deux équations

$$(r - r')\left(\frac{1}{\operatorname{tang}\beta} - \frac{2a^2}{r^2}\right) = \frac{4r}{3},$$

$$m^3 = \frac{\pi r^2(r - r')}{\operatorname{tang}\beta} - \frac{4\pi}{3}r^3.$$

Éliminons $r - r'$ entre ces deux équations, et nous obtiendrons cette équation du troisième degré

$$8\pi a^2\operatorname{tang}\beta \cdot r^3 - 3m^3r^2 + 6m^3a^2\operatorname{tang}\beta = 0,$$

qui permettra de déterminer r.

Inclinaison sous laquelle il faut mettre l'axe d'un tube conique pour qu'une goutte reste suspendue à un endroit donné du tube.

26. Pour résoudre cette question, je suivrai exactement l'analyse de Laplace.

Soit AA'BB' le cône intérieur du tube qui a son sommet en S (*fig.* 19); soit *efkh* la colonne liquide et supposons les extrémités concaves; on peut regarder la goutte comme de révolution. Désignons par R et R' les rayons de courbure de *epf* et *hp'k* aux sommets *p* et *p'*;

Fig. 19.

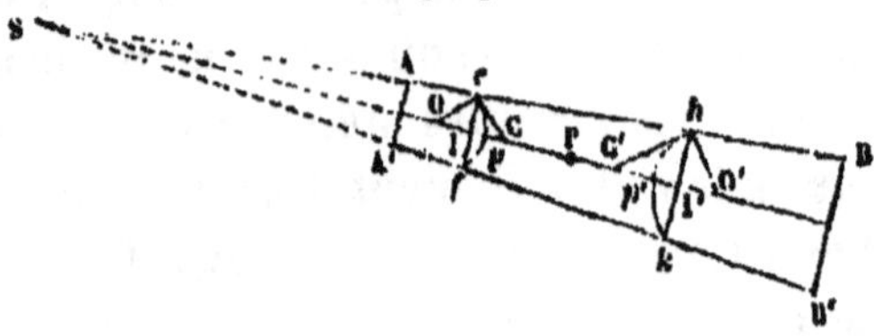

R est $<$ R'. Considérons un canal infiniment étroit *pp'*; la différence d'action des deux ménisques est égale à la quantité

$$2g\rho a^2\left(\frac{1}{R}-\frac{1}{R'}\right),$$

multipliée par la section droite du filet, et fera avancer le liquide vers le sommet si le tube est horizontal.

Déterminons les rayons de courbure R et R', en supposant les arcs *ef*, *hk* circulaires. Désignons par $2l$ la longueur *pp'*, par 2β l'angle au sommet du cône et par λ la longueur SP, où P est le milieu de *pp'*.

Menons la tangente *e*C et la normale *e*O; désignons toujours par i l'angle *he*C de raccordement; nous aurons

$$R=\frac{r}{\cos Oef}=\frac{r}{\cos(i-\beta)},$$

$$r=\text{SI}\tang\beta,\quad \text{SI}=\text{S}p-\text{I}p=\lambda-l-R[1-\sin(i-\beta)];$$

en remplaçant dans la première équation, on obtient

$$R=\frac{\lambda-l-R[1-\sin(i-\beta)]}{\cos(i-\beta)}\tang\beta.$$

Tirons R de cette équation, en ayant égard à ce que β est très petit, et nous aurons

$$R=\frac{(\lambda-l)\sin\beta}{\cos i+\sin\beta}.$$

On trouve de même

$$R' = \frac{(\lambda + l)\sin\beta}{\cos i - \sin\beta}.$$

On a donc

$$\frac{1}{R} - \frac{1}{R'} = \frac{1}{\sin\beta}\left(\frac{\cos i + \sin\beta}{\lambda - l} - \frac{\cos i - \sin\beta}{\lambda + l}\right)$$
$$= \frac{\cos i}{\lambda \sin\beta}\left[\left(1 - \frac{l}{\lambda}\right)^{-1} - \left(1 + \frac{l}{\lambda}\right)^{-1}\right] + \frac{1}{\lambda}\left[\left(1 - \frac{l}{\lambda}\right)^{-1} + \left(1 + \frac{l}{\lambda}\right)^{-1}\right]$$

et, en négligeant des termes très petits, on a

$$2g\rho a^2\left(\frac{1}{R} - \frac{1}{R'}\right) = 4g\rho a^2 \frac{l\cos i}{\lambda^2 \sin\beta} + \frac{4g\rho a^2}{\lambda}.$$

Supposons que le tube soit incliné à l'horizon d'un angle I; le poids de la colonne cylindrique divisé par la section du tube au point P sera $2lg\rho$ et sa composante suivant l'axe du tube sera égale à $2lg\rho \sin I$. Il faut pour l'équilibre que cette quantité soit égale à la précédente. Ainsi l'on a

$$\sin I = \frac{2a^2\cos i}{\sin\beta}\,\frac{1}{\lambda^2} + \frac{2a^2}{\lambda l}.$$

Le second terme étant en général très petit vis-à-vis du premier qui renferme $\sin\beta$ en dénominateur, le sinus de l'inclinaison est à peu près inversement proportionnel au carré de λ.

27. Considérons ensuite une goutte de liquide comprise entre deux plans qui se touchent par un bord, en faisant un angle très petit. Si le plan bissecteur est horizontal, cette goutte sera à peu près circulaire et analogue à une poulie. Supposons que, en inclinant ce plan sur l'horizon, la goutte soit assez large pour que, vers le milieu de sa largeur, sa surface puisse être considérée en haut et en bas comme cylindrique, la génératrice des deux cylindres étant parallèle à l'intersection des deux plans. Nous regardons toutefois la longueur de la goutte comme très petite par rapport à la distance du milieu de sa longueur à l'intersection. Alors le raisonnement et la figure qui précèdent seront applicables; les lignes SB et SB' représenteront les coupes des deux plans donnés, SOO' leur plan bissecteur, epf, $hp'k$ les surfaces cylindriques.

En considérant comme précédemment un filet pp' de section ω, on trouvera

$$g\rho a^2\left(\frac{1}{R} - \frac{1}{R'}\right)\omega$$

pour la différence d'action de ses deux ménisques et l'on aura pour la composante verticale de son poids $2l\omega g\rho \sin I$, I étant l'inclinaison du plan bissecteur sur l'horizon. Donc, si la goutte reste en équilibre, la valeur de cet angle sera donnée par cette formule :

$$\sin I = \frac{a^2 \cos i}{\sin\beta}\,\frac{1}{\lambda^2} + \frac{a^2}{\lambda l}.$$

On voit donc que, pour l'équilibre d'une goutte suspendue dans un tube conique ou dans l'intervalle de deux plans à une même distance de S, on devra également incliner sur l'horizon l'axe du tube et le plan bissecteur si l'angle des deux plans est égal à la moitié de l'angle au sommet du cône.

Dans ces expériences, il est utile de mouiller le tube et les deux lames; car, sans cela, le frottement jouerait un rôle qui ne serait pas négligeable.

Suspension d'un liquide dans un tube cylindrique vertical.

28. Si l'on applique la théorie précédente au cas où le tube est cylindrique, les deux ménisques tournés en sens contraires sont alors identiques; et en faisant $\gamma' = \gamma$ dans l'équation (2) du n° **23**, on trouve $h' = h$. L'équilibre de la goutte ne serait donc plus possible. L'expérience prouve cependant qu'une petite quantité de liquide peut rester suspendue dans un tube cylindrique vertical si le tube n'est pas mouillé intérieurement au-dessous du ménisque inférieur, et l'on ne peut expliquer ce désaccord qu'en admettant un frottement du liquide contre le tube.

Le frottement du liquide sur le tube étant supposé du même ordre de grandeur que la cohésion, le liquide tendra à tomber en C', mais sera retenu en B près de la paroi (*fig.* 20); le ménisque inférieur s'affaissera donc et l'angle de raccordement augmentera.

Désignons par l la longueur AB comprise entre les bords des ménisques; si le liquide a un mouvement suivant l'axe du tube, la force de frottement contre le tube sera $2\pi r l f$, f étant un coefficient. Imaginons un déplacement vertical et descendant de translation commun à tout

Fig. 20.

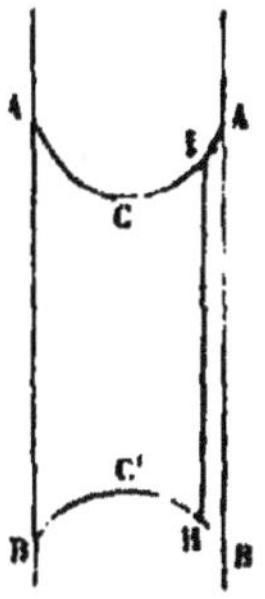

le liquide, et, en regardant les deux surfaces ACA', BC'B' comme sphériques, nous aurons

$$-2\pi r l f \delta h + \left[\pi r^2 l - \frac{\pi r^3}{\cos^3 i}\left(\frac{2}{3} + \frac{1}{3}\sin^3 i - \sin i\right) - \frac{\pi r^3}{\cos^3 i'}\left(\frac{2}{3} + \frac{1}{3}\sin^3 i' - \sin i'\right)\right] g\rho\,\delta h < 0$$

ou

$$(a)\quad 2lf > g\rho r\left[l - \frac{r}{\cos^3 i}\left(\frac{2}{3} + \frac{1}{3}\sin^3 i - \sin i\right) - \frac{r}{\cos^3 i'}\left(\frac{2}{3} + \frac{1}{3}\sin^3 i' - \sin i'\right)\right],$$

i et i' étant les angles aigus de raccordement des surfaces supérieure et inférieure avec la paroi. Quand il y aura égalité entre les deux membres, la valeur de l représentera la longueur maximum de la colonne liquide qui peut rester suspendue. Réciproquement, si l'on détermine cette longueur maximum par l'expérience, on en conclura la valeur de f.

Désignons par $2\pi r l f'$ la résistance opposée par le frottement pour empêcher le mouvement; nous aurons

$$(b)\qquad 2lf' = g\rho r H,$$

en représentant, pour abréger, par H la quantité mise entre crochets dans l'inégalité (a).

Considérons un filet vertical HB'A'I à section droite rectangulaire dont un des côtés ds est sur la surface du tube. Désignons par P le poids de ce filet, par V la composante verticale de la différence d'action des deux ménisques qui terminent le filet et par D la différence de l'action verticale du tube sur ces deux ménisques; nous aurons

$$P - lf'ds = V - D.$$

Or P = V pour tous les filets verticaux, et cette égalité a encore lieu tout près de la paroi; on a donc

$$(c) \qquad - lf'ds = - D.$$

Ensuite la partie du tube en contact avec le filet produit à la surface supérieure la composante verticale

$$g\rho a^2 \cos i\, ds$$

et à la surface inférieure la composante verticale

$$- g\rho a^2 \cos i'\, ds$$

(*voir* Chap. I, n° 13). On a donc pour la quantité D

$$D = g\rho a^2(\cos i - \cos i')ds$$

et l'on déduit de l'équation (c)

$$(d) \qquad lf' = g\rho a^2(\cos i - \cos i').$$

En comparant (b) et (d), on a

$$rH = 2a^2(\cos i - \cos i').$$

Supposons H remplacé par sa valeur; la longueur l est connue par l'expérience et l'angle i est aussi connu: cette équation servira à déterminer l'angle i' de raccordement de la surface BCB' avec le tube.

29. z et z' étant les distances d'un point des surfaces des ménisques supérieur et inférieur à un plan horizontal, nous avons (n° 24)

$$z = k + \frac{2a^2 \cos i}{r} + \frac{2}{3}\frac{r}{\cos i} - \sqrt{\frac{r^2}{\cos^2 i} - x^2},$$

$$z' = k + \frac{2a^2 \cos i'}{r} - \frac{2}{3}\frac{r}{\cos i'} + \sqrt{\frac{r^2}{\cos^2 i'} - x^2}.$$

La longueur l de la colonne comptée entre les bords des ménisques est égale à la valeur de $z - z'$ pour $x = r$; ainsi nous avons

$$(e) \qquad l = \frac{2a^2}{r}(\cos i - \cos i') + \frac{2}{3}r\left(\frac{1}{\cos i} + \frac{1}{\cos i'}\right) - r(\tang i + \tang i').$$

Cette équation ne renferme pas d'inconnues nouvelles et sera impossible. Mais admettons que le liquide ait une viscosité qui ne soit pas négligeable; il ne faut plus alors supposer dans les deux équations (1) du n° 23 que la constante k ait la même valeur. Changeons k en k' dans l'expression de z'; nous aurons, au lieu de l'équation (e),

$$l = k - k' + \frac{2a^2}{r}(\cos i - \cos i') + \frac{2}{3}r\left(\frac{1}{\cos i} + \frac{1}{\cos i'}\right) - r(\tang i + \tang i'),$$

équation qui déterminera $k - k'$.

L'équation (2) du n° 23 sera remplacée par

$$g\rho(h - h') - g\rho(k - k') = g\rho a^2\left(\frac{2}{\gamma} - \frac{2}{\gamma'}\right),$$

et l'on voit que $g\rho(k - k')$ indiquera la résistance opposée par la viscosité pour contribuer à l'équilibre.

Suspension d'un liquide à l'extrémité d'un tube vertical.

30. Supposons ensuite que le liquide descende jusqu'à l'extrémité inférieure du tube, mais en y restant enfermé. Il faudra alors avoir égard à la courbure de la surface intérieure du tube vers son extrémité. En effet, cette surface ne doit pas être considérée comme celle d'un cylindre coupé rigoureusement par un plan normal à l'axe; mais elle doit se terminer par une partie courbe EF tangente d'une part à la surface du cylindre intérieur et de l'autre au plan de la base (*fig.* 21).

Pour simplifier, supposons que cette surface soit de révolution autour de l'axe du cylindre intérieur, et appliquons l'équation

$$(\text{A}) \qquad \delta\int z\,d\varpi + \text{M}\,\delta\sigma + \text{N}\,\delta\omega = 0$$

(Chap. I, nº 8), où σ est la surface libre du liquide et Ω la surface de contact du liquide avec le solide. Le liquide étant supposé mouiller parfaitement le tube, on a $M = -N = a^2$.

Fig. 21.

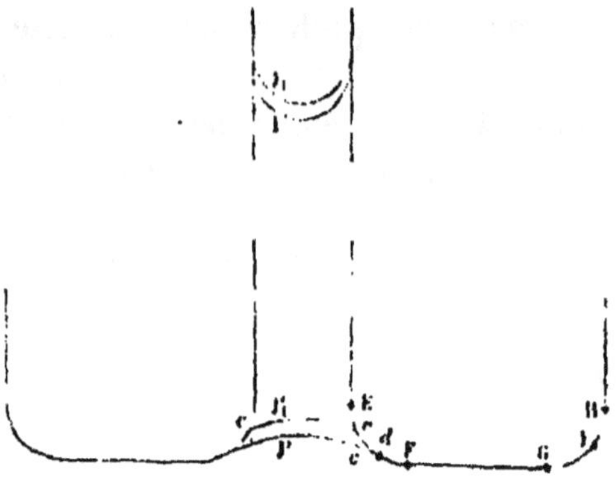

Nous supposons aussi que le bord du ménisque inférieur touche la partie courbe EF du tube.

Cela posé, donnons à tous les points du liquide un mouvement ascensionnel infiniment petit et tel que le ménisque supérieur J soit transporté parallèlement à lui-même en J_1, et le ménisque inférieur de J' en J'_1, le bord de J' étant seulement diminué de la quantité infiniment petite qui sort de la section du tube en J'_1. Désignons par r le rayon du tube et par r' le rayon de la base de J', puis par δh et $\delta h'$ les hauteurs dont se sont élevés les ménisques J et J' dans le déplacement virtuel.

Le ménisque J' est tangent à la surface EF et J'_1 ne fait qu'un angle infiniment petit avec la même surface. Par le cercle de base cc de J'_1 menons le cylindre vertical ce; $\delta\sigma$ sera égal à $J'_1 - J'$; nous aurons donc

$$\delta\sigma = -\operatorname{surf}.ed,$$

$$\delta\Omega = 2\pi r\,\delta h - \operatorname{surf}.cd.$$

Ainsi

$$\delta\sigma - \delta\Omega = -2\pi r\,\delta h + \operatorname{surf}.cd - \operatorname{surf}.ed$$

$$= -2\pi r\,\delta h + \operatorname{surf}.ce \sin\varphi,$$

φ étant l'angle du plan tangent au bord du ménisque avec un plan horizontal; nous avons donc enfin

$$\delta\tau - \delta\lambda = -2\pi r\,\delta h + 2\pi r'\,\delta h' \sin\omega.$$

On a d'autre part

$$\delta\int z\,dm = v\,\delta h - v'\,\delta h',$$

v et v' étant les volumes intérieurs du tube depuis J et J' jusqu'à la base FG du tube. Écrivons enfin que le volume du liquide n'a pas changé, et nous aurons

$$\pi r^2\,\delta h - \pi r'^2\,\delta h' = 0.$$

Remplaçons dans l'équation (A) les termes par leurs valeurs calculées, et nous trouverons

$$\text{(B)} \qquad v r'^2 - v' r^2 = 2\pi a^2 r r'(r' - r\sin\omega).$$

Si $r' - r$ est très petit par rapport à r, ce qui aura lieu ordinairement, on pourra remplacer dans cette équation r' par r, et nous aurons la formule

$$v - v' = 2\pi a^2 r(1 - \sin\omega),$$

qui donnera le volume du liquide soulevé. Il est aisé de voir que cette formule subsisterait quand même le bord très petit EF ne serait pas de révolution.

31. Supposons ensuite qu'une partie du liquide soit extérieure au tube, que le cylindre extérieur du tube se relie à la base FG par une partie courbe très petite GH et que le liquide s'élève sur GH jusqu'en I. Désignons par r' le rayon du cercle parallèle du point I; soient v et v' les volumes du liquide appartenant à la partie intérieure et à la partie extérieure au tube, ω l'angle aigu du plan tangent en I avec un plan horizontal. Il suffira de changer les signes de v' et ω dans la formule (B), et nous aurons

$$v r'^2 + v' r^2 = 2\pi a^2 r r'(r' + r\sin\omega).$$

Si r' est assez petit pour que la surface de la partie extérieure du liquide puisse être regardée approximativement comme sphérique, on aura

$$\text{(C)} \qquad v' = \frac{\pi r'^3}{\sin^3\omega}\left(\frac{2}{3} + \frac{1}{3}\cos^3\omega - \cos\omega\right);$$

nous avons ainsi deux équations pour déterminer v et v' et par suite le volume total $v + v'$.

La formule (C) n'est qu'approchée; dans le Chapitre V, nous montrerons comment on peut calculer exactement le volume v'.

Suspension d'un liquide à l'extrémité d'un tube capillaire vertical adapté au fond d'un vase.

32. Désignons par R le rayon intérieur du vase supposé cylindrique, par r le rayon intérieur du tube et par r' son rayon extérieur. Le vase renferme un liquide dont une goutte s'est formée à l'extrémité du tube, ayant pour base la section extérieure; cherchons la condition d'équilibre de cette goutte. Il suffit de reprendre les raisonnements du n° 30.

Soient H la hauteur du liquide dans le vase et h la longueur du tube. Donnons un mouvement ascendant infiniment petit au liquide; soient δH l'élévation du liquide dans le vase, δh la quantité dont le liquide monte dans le tube et enfin $\delta h'$ la quantité dont s'élèvent les points de la surface de la goutte. Nous aurons

$$\delta\sigma - \delta\Omega = -2\pi r'\delta h' \sin\varphi - 2\pi R\,\delta H.$$

Désignons par V le volume du vase et par v' celui de la goutte, nous aurons

$$\delta\int z\,dm = v'\delta h' + V\delta H + \pi r^2 h\,\delta h.$$

Substituons ces expressions dans l'équation

$$\delta\int z\,dm + a^2(\delta\sigma - \delta\Omega) = 0,$$

et nous aurons

$$v'\delta h' + V\delta H + \pi r^2 h\,\delta h - 2\pi r' a^2\,\delta h' \sin\varphi - 2\pi R a^2\,\delta H = 0.$$

Or nous avons

$$R^2\delta H = r^2\delta h = r'^2\delta h',$$

et le volume V est égal à $\pi R^2 H$; l'équation précédente donne donc pour le volume v' de la goutte

$$v' = 2\pi r' a^2 \sin\varphi + 2\pi a^2 \frac{r'^2}{R} - \pi r'^2 (H + h),$$

qui sera par conséquent le plus grand pour $\varphi = \frac{\pi}{2}$.

Pour que l'équilibre soit possible, il faut que v' soit positif pour $\varphi = \frac{\pi}{2}$; ce qui donne la plus grande valeur que puisse avoir la hauteur H du liquide dans le vase. Quand H dépasse cette valeur, la goutte grossit, puis elle tombe.

CHAPITRE IV.

MODIFICATION DE LA PRESSION HYDROSTATIQUE PAR LES FORCES CAPILLAIRES.

Les forces qui élèvent ou abaissent un liquide en équilibre contre la paroi qui le retient ou contre un corps quelconque exercent aussi une influence sur la pression supportée par ce corps. Il en peut même résulter des mouvements sensibles, tels que l'attraction ou la répulsion entre deux lames verticales parallèles et très rapprochées quand elles sont plongées dans un même liquide, ou encore l'attraction ou la répulsion entre de petits corps nageant à la surface d'un liquide. Nous allons étudier d'une manière générale dans ce Chapitre la modification de la pression hydrostatique due aux forces de la capillarité.

Nous commencerons par quelques démonstrations synthétiques qui auront l'avantage de faire concevoir plus facilement le détail des phénomènes; nous embrasserons ensuite leur ensemble dans des démonstrations analytiques.

Attraction et répulsion entre deux lames verticales parallèles, plongées dans un liquide.

1. Soient les deux lames L et L′ parallèles et verticales, NM la surface cylindrique du liquide intérieur et ABCD celle du liquide extérieur (*fig.* 22).

Imaginons un canal *edcb* qui parte d'un point *e* situé sur le plan de niveau et dont le côté *cb* vienne entre les lames et évaluons les pressions par des hauteurs du liquide. La pression en le point H du canal sera évidemment la même qu'en e, c'est-à-dire la pression Π de l'atmosphère et la pression en b sera égale à Π diminué de la hauteur verticale bH. Si le canal se recourbe horizontalement suivant ba et se termine sur la face intérieure de L, la pression du liquide contre la lame sera

Fig. 22.

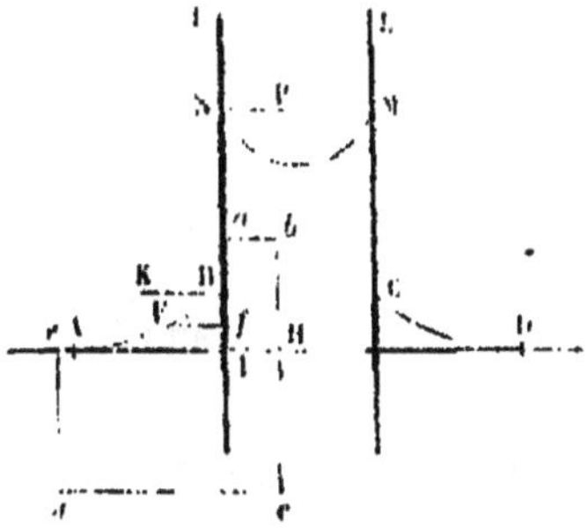

$\Pi - b$H, diminué de l'attraction du liquide sur la lame; mais cette dernière force sera détruite par l'action égale et contraire de la lame sur le liquide et ne produira que l'adhérence. Et comme, au point correspondant de la face extérieure de la lame L, la pression est Π, il en résulte une pression en a égale à Hb et agissant de a vers b.

Dans la partie BI de la lame, les pressions sont égales et contraires sur les deux faces. Prenons en effet sur une normale à la lame le point f sur chacune des faces; à l'intérieur, d'après ce qui vient d'être dit, le point f subira la pression $\Pi - f$I; menons le canal Ff horizontal et normal à la lame; la pression au point extérieur f sera la même qu'au point F et égale à $\Pi - f$I.

Pour évaluer la résultante des pressions qui s'effectuent sur NB, élevons en chaque point tel que a une normale égale à bH et évaluons le poids du liquide compris entre la paroi et le lieu des extrémités des normales. Désignons par z_0 et z_1 les hauteurs des points B et N au-dessus du plan de niveau, par l la largeur des lames, par ρ la densité du liquide et par g l'accélération due à la pesanteur; nous aurons ainsi pour la résultante des pressions qui s'exercent sur la lame L

$$g\rho l(z_1 - z_0)\frac{z_1 + z_0}{2} \quad \frac{1}{2}g\rho l(z_1^2 - z_0^2).$$

Mais il existe deux autres forces dont il faut tenir compte: soient i_1 et i les angles de raccordement en N et B. Le liquide exerce le long des deux lignes d'affleurement en N et B sur la lame une tension normale à ces lignes et tangente à la surface du liquide; la grandeur de cette force est $g\rho a^2$ par unité de largeur. Ces deux tensions produiront donc les forces normales $g\rho a^2 l \sin i_1$ et $g\rho a^2 l \sin i$, la première dirigée suivant NP, la seconde suivant BK.

On a donc enfin pour la résultante des pressions normales agissant sur la lame L

$$(1)\qquad P = \tfrac{1}{2} g\rho l(z_1^2 - z_0^2) + g\rho a^2 l(\sin i_1 - \sin i).$$

Les hauteurs z_1 et z_0 ont été calculées (Chap. II, nos 5, 8 et 9).

Si les deux faces de la lame sont entièrement identiques, on aura $i_1 = i$, et le dernier terme de P disparaîtra.

La démonstration qui précède est exactement celle qui se trouve dans la *Théorie de la capillarité* de Laplace, sauf qu'il avait négligé la partie de P due à l'action de la couche superficielle du liquide; Poisson a remarqué le premier qu'il faut tenir compte de cette quantité (*Nouvelle Théorie de l'action capillaire*, Chap. V, n° 85).

2. La lame L' est poussée vers la lame L par une force normale semblable à P et dont la valeur est

$$P' = \tfrac{1}{2} g\rho l(z_1'^2 - z_0'^2) + g\rho a^2 l(\sin i_1' - \sin i'),$$

en adoptant les mêmes lettres avec des accents, afin d'indiquer pour la lame L' les mêmes quantités que pour L. Si les angles de raccordement sont les mêmes des deux côtés de chaque lame, les deux forces P et P' seront égales.

En effet, l'équation de la surface du liquide renfermé entre les lames peut s'écrire (Chap. II, n° 5)

$$(1)\qquad \frac{1}{\left[1 + \left(\frac{dz}{dx}\right)^2\right]^{\frac{1}{2}}} = \text{const} - \frac{z^2}{2a^2}.$$

En appliquant cette équation sur la face intérieure de la lame L, on aura

$$\sin i_1 = \text{const} - \frac{z_1^2}{2a^2};$$

on aura de même

$$\sin i'_1 = \text{const} - \frac{z_1'^2}{2a^2};$$

par suite,

$$\sin i'_1 - \sin i_1 = \frac{z_1^2}{2a^2} - \frac{z_1'^2}{2a^2}.$$

Mais, si l'on applique l'équation (1) aux deux parties du liquide extérieur qui correspondent à chaque lame, la constante arbitraire sera égale à l'unité, et l'on aura

$$\sin i = 1 - \frac{z_0^2}{2a^2},$$

$$\sin i' = 1 - \frac{z_0'^2}{2a^2};$$

il en résulte

$$\sin i' - \sin i = \frac{1}{2a^2}(z_0^2 - z_0'^2).$$

Si donc $i_1 = i$ et $i'_1 = i'$, on aura

$$z_1^2 - z_1'^2 = z_0^2 - z_0'^2 \quad \text{ou} \quad z_1'^2 - z_0'^2 = z_1^2 - z_0^2;$$

par suite, $P' = P$.

Si les deux lames sont très rapprochées, z_0^2 sera négligeable vis-à-vis de z_1^2; or z_1 est alors sensiblement en raison inverse de la distance des deux faces internes des lames. Donc l'attraction P de ces deux plans aura lieu à très peu près en raison inverse du carré de leur distance, ainsi que l'a remarqué Laplace.

Nous avons supposé que les deux lames ne pouvaient se mouvoir que suivant leur normale commune; autrement, les résultantes des pressions qui se trouvent sur les deux faces n'étant pas directement opposées, la lame L tournerait en outre autour d'un axe passant par son centre de gravité et parallèle à sa largeur. Il serait facile d'évaluer le mouvement de rotation, en se rappelant que les forces capillaires agissent en N et B, et en déterminant la position du centre de gravité du prisme liquide imaginé ci-dessus.

3. Si le liquide s'abaisse auprès de chaque lame prise isolément, la surface du liquide est partout convexe et le liquide s'abaisse entre les lames; nous désignerons alors par z_1 et z_0 les dépressions du liquide auprès de la lame L, et nous aurons encore, pour la pression qui agit sur la lame L,

$$P = \frac{1}{2} g\rho l(z_1^2 - z_0^2) + g\rho a^2 l(\sin i_1 - \sin i_0),$$

i_0, i_1 étant les angles aigus de raccordement, et P tendra encore à rapprocher L de L'.

Si, dans l'intervalle des deux lames, le liquide s'élève vers l'une et s'abaisse vers l'autre, z_1 sera en général plus petit que z_0; néanmoins, le premier terme de P restera ordinairement en valeur absolue plus grand que le second; ainsi les deux lames auront une tendance à s'éloigner l'une de l'autre, mais, comme on voit, cette répulsion sera faible, comparée à l'attraction apparente qui a lieu entre deux lames mises dans un liquide qui les mouille.

Supposons que le liquide s'élève plus sur la première lame qu'il ne s'abaisse sur la seconde. Nous avons vu (Chap. II, n° 13) que, en rapprochant suffisamment ces lames, le point d'inflexion de la section droite du liquide disparaîtra et qu'ensuite le liquide montera sur les deux lames : par conséquent la répulsion se changera en attraction.

Ce fait reconnu, d'après la théorie, par Laplace a été vérifié par Haüy. Il plongeait dans l'eau un parallélépipède d'ivoire qui était mouillé et, parallèlement à une de ses faces, une feuille de talc laminaire suspendue à un fil très délié. Il a constaté que cette feuille, qui n'était pas mouillée par l'eau, était repoussée d'abord, puis attirée lorsqu'elle était amenée à une distance suffisamment petite.

Sur la poussée verticale qui sollicite un corps de révolution dont l'axe est vertical, immergé en partie dans un liquide.

4. Soient PQ (*fig.* 23) le plan de niveau et $\alpha\beta$ le cercle auquel le liquide vient affleurer sur le corps de révolution AEBD, dont l'axe AB est vertical.

Désignons par υ l'angle du plan tangent au corps le long du cercle $\alpha\beta$ avec le plan de niveau et par i l'angle de raccordement FβI. Il existe en chaque point β du cercle αβ une force de tension dirigée suivant la tangente βI au méridien βH du liquide, et sa composante verticale sera

$$g\rho a^2 \cos b\beta\mathrm{I} = g\rho a^2 \sin(\nu - i),$$

et si nous désignons par r le rayon du cercle αβ, la portion du liquide voisine de ce cercle produit une force verticale, agissant de haut en bas et égale à

$$2\pi r g\rho a^2 \sin(\nu - i).$$

Évaluons ensuite la pression hydrostatique provenant du reste du liquide qui entoure le corps solide.

Fig. 23.

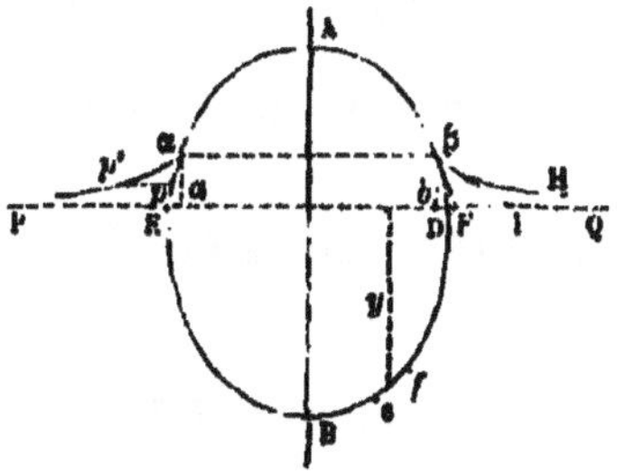

La pression normale sur un élément de surface $d\sigma$, appartenant à la partie EBD située au-dessous du niveau et représentée sur la figure par ef, sera

$$g\rho y\, d\sigma + \Pi\, d\sigma,$$

Π étant la pression de l'atmosphère et y la distance de l'élément au plan de niveau, et la composante verticale de bas en haut sera

$$g\rho y\, d\sigma \cos(n, z) + \Pi\, d\sigma \cos(n, z),$$

n désignant la direction de la normale menée intérieurement, et z celle de la verticale menée de bas en haut. En faisant la somme de toutes ces quantités sur EBD, on aura

$$g\rho \int y \cos(n, z)\, d\sigma + \Pi \text{ cercle ED} = g\rho \text{ vol. EBD} + \Pi \text{ cercle ED}.$$

Si certaines des ordonnées y rencontraient la surface EBD en deux points, il est aisé de voir que ce résultat serait encore exact.

Considérons ensuite la partie $ED\beta\alpha$; la pression au point p' de la surface du liquide est $\Pi - g\rho x$, x étant la distance du point p' au plan PQ: menons le canal horizontal pp', la pression en p sur l'élément $d\sigma$ de surface sera $(\Pi - g\rho x)d\sigma$, et sa composante verticale de haut en bas sera

$$(a) \qquad (\Pi - g\rho x)\cos(N, z)\,d\sigma,$$

N étant la normale extérieure menée à $d\sigma$. Donc la résultante verticale comptée de bas en haut sur la surface $\alpha ED\beta$ sera

$$(b) \qquad \begin{cases} g\rho\int x\cos(N, z)\,d\sigma - \Pi(\text{cercle } ED - \text{cercle } \alpha\beta) \\ = g\rho \text{ vol. annulaire } Ea\alpha b D\beta - \Pi(\text{cercle } ED - \text{cercle } \alpha\beta). \end{cases}$$

Enfin la résultante de la pression atmosphérique sur la surface $\alpha A\beta$ est Π cercle $\alpha\beta$.

On obtient donc, en ajoutant toutes ces forces, pour la poussée verticale du liquide,

$$g\rho \text{ vol. EBD} + g\rho \text{ vol. annul. } \alpha Eab D\beta - 2\pi r g\rho a^2 \sin(\upsilon - i).$$

Dans le cas où le corps est homogène à son intérieur et libre, pour que le corps soit en équilibre, il suffit que cette force soit égale à son poids.

On n'a pas tenu compte de la densité de l'air. Si l'on veut y avoir égard, désignons par ρ_1 cette densité; il faudra ajouter à l'expression précédente de la poussée la quantité $g\rho_1$ vol. $E\alpha A\beta D$; mais dans (b) il faudra aussi remplacer ρ par $\rho - \rho_1$, ce qui donnera le terme

$$- g\rho_1 \text{ vol. annul. } Ea\alpha b D\beta.$$

On aura donc, pour la poussée totale,

$$g\rho \text{ vol. EBD} + g(\rho - \rho_1)\text{vol. annul. } Ea\alpha b D\beta + g\rho_1 \text{ vol. } E\alpha A\beta D - 2\pi r g\rho a^2 \sin(\upsilon - i).$$

Pour calculer la hauteur du cercle $\alpha\beta$ au-dessus du plan de niveau, si la courbure de la surface du corps immédiatement au-dessus du cercle ED n'est pas très petite, on cherchera l'élévation verticale du liquide sur le plan tangent, et l'on aura ainsi, pour cette hauteur (Chap. II, n° 5),

$$h = 2a \sin \frac{\theta - i}{2}.$$

Si les perpendiculaires abaissées de la surface EαβD sur le plan de niveau sont extérieures au corps comme dans la *fig.* 24, cos(N, z) sera

Fig. 24.

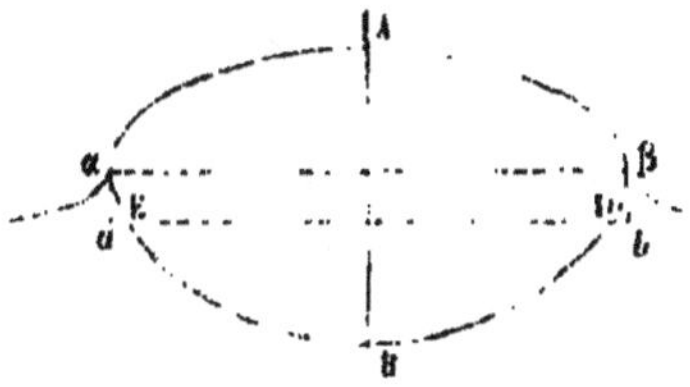

négatif dans la formule (a), et il faudra, au contraire, retrancher de la poussée l'anneau αa E D$b\beta$ qui est extérieur au corps. On aura donc, pour cette poussée,

$$g\rho \,\text{vol.EBD} - g(\rho - \rho_1)\,\text{vol. annul. E}\alpha a b \text{D}\beta + g\rho_1 \,\text{vol. E}\alpha\text{A}\beta\text{D} - 2\pi r g\rho a^2 \sin(\theta - i).$$

5. Calculons ensuite le volume du liquide soulevé autour du corps au-dessus du plan de niveau. La coordonnée verticale z étant comptée à partir de ce plan, l'équation différentielle de la surface libre du liquide peut s'écrire, si l'on tient compte de la densité ρ_1 de l'air,

$$d\,\frac{x\dfrac{dz}{dx}}{\sqrt{1 + \left(\dfrac{dz}{dx}\right)^2}} = \frac{1}{a^2}\,\frac{\rho - \rho_1}{\rho}\,zx\,dx,$$

x étant la distance à l'axe de révolution, et, en intégrant, on a

$$(b) \qquad \left[\frac{x\dfrac{dz}{dx}}{\sqrt{1 + \left(\dfrac{dz}{dx}\right)^2}}\right]_{x\;r} = -\frac{1}{a^2}\,\frac{\rho - \rho_1}{\rho}\int_r^{R} zx\,dx,$$

r étant le rayon du cercle αβ et R le rayon d'un cercle à partir duquel le liquide peut être considéré comme sur le niveau. Pour $x = r$ ou $z = h$, on a

$$\frac{\frac{dz}{dx}}{\sqrt{1+\left(\frac{dz}{dx}\right)^2}} = -\sin(\upsilon - i);$$

par suite, en multipliant l'équation (b) par 2π, on a

$$(c) \qquad 2\pi r \sin(\upsilon - i) = \frac{1}{a^2}\,\frac{\rho - \rho_1}{\rho} \int_r^{R} z\,2\pi x\,dx.$$

Or $2\pi x\,dx$ représente la projection sur le plan horizontal d'une zone de la surface du liquide; donc, si l'on désigne par V le volume du liquide soulevé au-dessus du niveau, on a

$$\int_r^{R} z\,2\pi x\,dx = \mathrm{V} + \text{vol. annul. } \alpha \mathrm{E}ab\mathrm{D}\beta.$$

En remplaçant dans (c), on a, pour le volume soulevé,

$$(\rho - \rho_1)\mathrm{V} = 2\pi r \rho a^2 \sin(\upsilon - i) - (\rho - \rho_1)\,\text{vol. annul. } \alpha \mathrm{E}ab\mathrm{D}\beta.$$

Dans le cas de la *fig.* 24, le signe du volume annulaire doit être changé.

Poussée verticale sur un corps solide quelconque immergé en partie dans un liquide.

6. Prenant maintenant, au lieu d'un corps de révolution, un corps quelconque, nous conserverons néanmoins les figures du n° 4; ainsi PQ sera encore le plan de niveau, mais la courbe $\alpha\beta$ n'est plus un cercle, et ses points sont à différentes hauteurs.

Désignons par ds un élément de la courbe $\alpha\beta$; ses éléments en général pourront être considérés comme sensiblement horizontaux. En désignant encore par υ l'angle du plan tangent au corps en un point de cette courbe avec un plan horizontal, on aura, pour la hauteur de chaque point de la courbe $\alpha\beta$,

$$h = 2a \sin\frac{\upsilon - i}{2},$$

où ν est maintenant une quantité variable. La tension de la surface du liquide qui s'exerce normalement sur toute la courbe $\alpha\beta$ aura une composante verticale qui, estimée de bas en haut, est égale à

$$-g\rho a^2 \int \sin(\nu - i)\, ds.$$

En raisonnant comme ci-dessus, on trouvera, pour le restant de l poussée verticale estimée de bas en haut,

$$g\rho \text{ vol. EBD} + g\rho_1 \text{ vol. E}\alpha\text{A}\beta\text{D} + g(\rho - \rho_1) \text{ vol. annul. E}\alpha ab\text{D}\beta,$$

si le volume annulaire est intérieur au corps solide.

D'une manière générale, si le volume annulaire est en partie intérieur, en partie extérieur au corps, on pourra encore adopter la formule précédente, en convenant de considérer comme positive la partie de ce volume intérieure au corps et comme négative celle qui se trouve en dehors.

Ainsi, en désignant par P la poussée verticale provenant du liquide, on aura

$$\begin{aligned} \text{P} = {} & g\rho \text{ vol. EBD} + g\rho_1 \text{ vol. E}\alpha\text{A}\beta\text{D} \\ & + g(\rho - \rho_1) \text{ vol. annul. E}\alpha ab\beta\text{D} - g\rho a^2 \int \sin(\nu - i)\, ds, \end{aligned}$$

en comprenant le troisième terme, comme nous venons de l'expliquer.

7. Voyons comment nous devons modifier le dernier terme de cette formule, quand chaque élément ds de la ligne $\alpha\beta$ n'est pas regardé

Fig. 25.

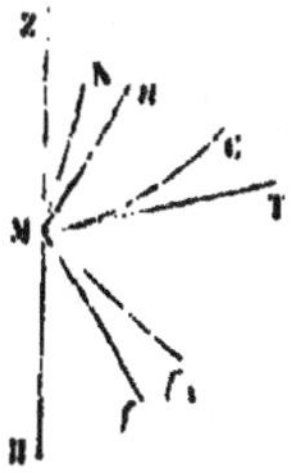

comme sensiblement horizontal. Concevons alors un cylindre vertical mené par cette ligne; soit μ l'angle de ds avec un plan horizontal. Menons (*fig.* 25) en un point M de ds la normale N au cylindre et la normale n à la surface du corps, les deux normales étant dirigées vers l'intérieur, et soit τ_1 l'angle de ces deux normales.

Représentons la ligne s par MC; soient MT la tangente en M, ZMH une verticale, f la tension de la surface du liquide; elle est située dans le plan tangent à cette surface et perpendiculaire à MT. Projetons f en f_1 sur le plan vertical ZMT; f_1 sera comme f perpendiculaire à MT, et la projection verticale de f sera

$$-f\cos(f, f_1)\cos f_1\,\text{MH}.$$

La ligne MT fait avec MZ l'angle $\frac{\pi}{2}-\mu$; donc $f_1\text{MH}=\mu$. Les plans TMf et TMf_1 sont les plans tangents à la surface du liquide et à la surface du cylindre vertical, et leur angle $f\text{M}f_1$ est celui des deux normales NMn ou τ_1. Donc la projection verticale de f est

$$-f\cos\tau_1\cos\mu.$$

Donc le dernier terme de l'expression de P doit être remplacé par

$$-g\rho a^2\int\cos\tau_1\cos\mu\,ds.$$

8. Calculons ensuite le volume V du liquide soulevé autour du corps au-dessus du niveau.

Comme la poussée ne dépend pas de la nature intérieure du corps, on peut toujours concevoir le poids p du corps et la position de son centre de gravité, de manière qu'il y ait équilibre entre le poids p et la poussée. Imaginons alors un canal composé de deux branches verticales égales; la première branche est supposée comprendre le corps et toute la partie du liquide qui s'élève au-dessus du niveau par suite de l'attraction du corps solide; dans la seconde branche, le liquide se termine par le plan de niveau.

Désignons par v et v' les parties du volume du corps situées au-dessous et au-dessus du niveau, par ϖ le poids du liquide situé dans la seconde branche et par A le volume annulaire compris entre le plan de niveau, le cylindre vertical mené par la ligne d'affleurement et la surface du corps. Le poids ϖ du liquide renfermé dans la seconde branche du canal doit être égal au poids du liquide et du corps contenus dans la première branche; on a donc

$$\varpi = (\varpi - g\rho v) + \mu + g(\rho - \rho_1)V - g\rho_1 v',$$

par suite

$$\mu = g\rho v - g(\rho - \rho_1)V + g\rho_1 v'.$$

Cette quantité est égale à la poussée P, dont l'expression est, d'après ce que nous venons de voir (n°s 6 et 7),

$$P = g\rho v + g\rho_1 v' + g(\rho - \rho_1)\Lambda - g\rho a^2 \int \cos\tau, \cos\mu\, ds,$$

et, en exprimant cette égalité, on obtient l'équation

$$(\rho - \rho_1)V = \rho a^2 \int \cos\tau, \cos\mu\, ds - (\rho - \rho_1)\Lambda,$$

qui détermine le volume V.

Petit corps placé sur la surface d'un liquide.

9. Un petit corps placé sur la surface d'un liquide qui ne le mouille pas peut ne pas s'y enfoncer complètement, bien que sa densité soit supérieure à celle du liquide. Il suffit évidemment que la force verticale provenant de la capillarité surpasse la différence entre le poids du petit corps et celui du liquide sous le même volume.

Prenons l'exemple même donné par Laplace. Un petit parallélépipède rectangle, dont la densité est D, est placé sur un liquide dont la densité ρ est moindre; les côtés α, β du parallélépipède sont mis horizontaux et le côté h vertical; α et h sont supposés très petits. Désignons par x la quantité dont il s'enfonce et par i l'angle dont le liquide s'écarte du corps. Le poids du corps sera $gD\alpha\beta h$, celui du liquide déplacé $g\rho\alpha\beta x$ et la composante verticale de la tension superficielle $g\rho a^2 . 2(\alpha + \beta)\cos i$; on aura donc

$$gD\alpha\beta h = g\rho\alpha\beta x + g\rho a^2 . 2(\alpha + \beta)\cos i$$

ou

$$x = \frac{D}{\rho} h - \frac{2a^2(\alpha + \beta)\cos i}{\alpha\beta},$$

et, si cette quantité est plus petite que h, le corps flottera sur le liquide.

Démonstration analytique des résultats précédents.

10. Nous avons calculé d'une manière synthétique la poussée d'un liquide sur un corps qui y est plongé. Mais on peut douter que nous n'ayons rien négligé dans le calcul de cette force; on comprendra mieux l'importance de cette remarque par les numéros suivants, où il sera prouvé qu'il existe véritablement d'autres forces verticales qui sollicitent le corps, mais qu'elles se détruisent. La démonstration analytique, que nous allons donner, lèvera tous les doutes sur l'exactitude des résultats qui précèdent.

Supposons d'abord le corps de révolution et son axe vertical. Faisons descendre de δh tout le corps solide, et, conformément au n° 12 du Chapitre I, nous supposons que l'accroissement $\delta\sigma$ de la surface libre cR du liquide, qui forme l'anneau $cbc'b'$, soit le prolongement de la surface cR (*fig.* 26).

Fig. 26.

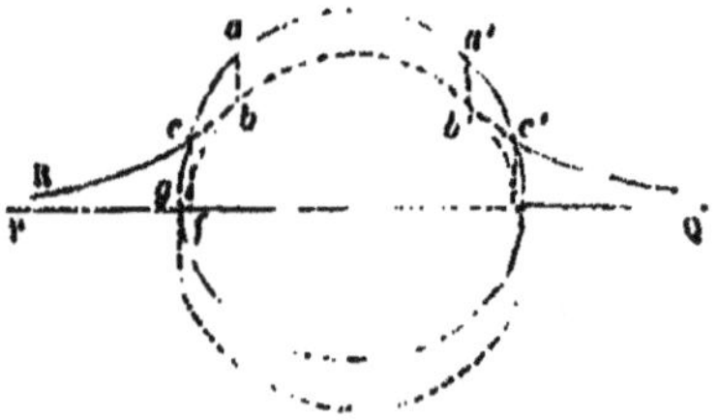

La ligne d'affleurement cc' vient ainsi en bb'; par bb' menons un cylindre vertical qui rencontre la position primitive de la surface du corps en aa'. L'accroissement $\delta\Omega$ de la partie de la surface du corps qui plonge dans le liquide est indiqué par $acc'a'$. Ainsi on a

$$\delta\sigma = 2\pi r . cb, \quad \delta\Omega = 2\pi r . ca.$$

r étant le rayon du cercle cc'. Comme précédemment, désignons par i l'angle de raccordement du liquide avec le corps et par ν l'angle du plan tangent au corps solide avec l'horizon; on déduit de la considération du triangle abc

$$cb = \frac{\delta h \cos\nu}{\sin i}, \quad ca = \frac{\delta h \cos(\nu - i)}{\sin i}.$$

Désignons par Z la résultante verticale de toutes les forces qui sollicitent le corps solide de bas en haut. D'après le n° 8 du Chapitre I, on aura, en ayant égard au déplacement du corps solide,

$$\rho\delta\int z\,d\varpi + D\delta\int z\,dv + M\rho\,\delta\sigma + N\rho\,\delta\Omega = \frac{1}{g}Z\,\delta h,$$

ρ étant toujours la densité du liquide, D la densité du solide, dv son élément de volume, $d\varpi$ l'élément de volume du liquide.

Désignons par dO un élément quelconque de la surface du corps et par $d\Omega$ un des éléments de cette surface situé au-dessous du cercle cc'. Appelons δn la distance normale de la seconde position de la surface du corps à la première, et remarquons que le liquide vient remplacer l'espace abandonné par le solide au-dessous de la surface $bcRb'c'R'$; nous aurons

$$\delta\int z\,dv = -\int z\,\delta n\,dO,\quad \delta\int z\,d\varpi = \int z\,\delta n\,d\Omega;$$

or on a

$$\delta n = \delta h\cos(n, z),$$

n étant la normale menée intérieurement, z la verticale menée de bas en haut, et δn positif quand il est extérieur à la surface primitive; on a donc

$$\delta\int z\,dv = -\delta h\int z\cos(n, z)\,dO,\quad \delta\int z\,d\varpi = \delta h\int z\cos(n, z)\,d\Omega.$$

$\int z\cos(n, z)\,dO$, comme on l'a déjà remarqué au n° 4, représente le volume entier V du corps solide, $\int z\cos(n, z)\,d\Omega$ représente le volume du corps situé au-dessous du niveau augmenté de la partie annulaire fgc; appelons-le V'. Enfin nous avons

$$M = a^2,\quad N = -a^2\cos i,$$

$$\delta\sigma = 2\pi r\frac{\cos\varphi}{\sin i}\delta h,\quad \delta\Omega = 2\pi r\frac{\cos(\varphi - i)}{\sin i}\delta h.$$

Il en résulte

$$\text{(A)}\qquad Z = -gDV + g\rho V' - 2\pi r g\rho a^2\sin(\varphi - i).$$

Le premier terme représente le poids du corps, l'action du liquide est donnée par les deux autres termes, et nous retrouvons le résultat du n° 4.

11. Examinons ensuite le cas où le corps solide n'est pas de révolution autour d'un axe vertical. On voit aisément qu'il n'y a lieu de modifier, dans la démonstration précédente, que ce qui concerne l'expression

$$2a^2(\delta\sigma - \cos i\,\delta\Omega).$$

Le triangle abc de la *fig.* 26 sera remplacé par un quadrilatère gauche défini comme il suit : Soit cc' la ligne d'affleurement et aa' la trace de cette ligne sur le corps quand il est enfoncé verticalement de δh. Par le point c de la ligne cc', menons à cette ligne et sur la surface du corps

Fig. 27.

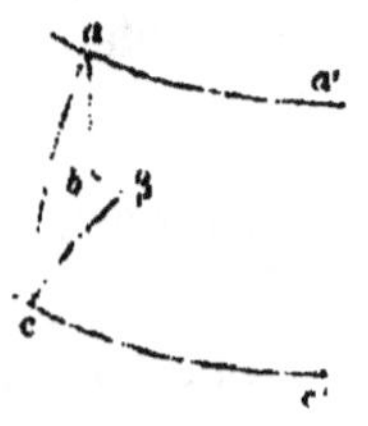

la ligne normale ca; de même, menons normalement à la ligne cc' sur le prolongement de la surface σ du liquide la courbe $c\beta$; menons la verticale $ab = \delta h$ terminée au point b de σ, et menons $b\beta$ parallèle à cc'. L'arc ca représente la largeur de $\delta\Omega$ et l'arc $c\beta$ celle de $\delta\sigma$; ainsi on a

$$\delta\sigma = \int c\beta . ds, \quad \delta\Omega = \int ac . ds,$$

les deux intégrales s'étendant à tous les éléments ds de la ligne d'affleurement.

Projetons la ligne brisée $cab\beta$ sur $c\beta$, nous aurons

$$c\beta = ac\cos i - \delta h \cos(ab, c\beta);$$

mais nous avons vu (n° 7) que le dernier cosinus est égal à $\cos\gamma\cos\mu$; nous avons donc

$$c\beta - ac\cos i = -\delta h \cos\gamma\cos\mu$$

et par suite

$$\delta\sigma - \cos i\,\delta\Omega = \int (c\beta - ac\cos i)\,ds = -\delta h \int \cos\gamma\cos\mu\,ds.$$

L'équation (A) est donc remplacée par la suivante :

$$Z = -g D V - g \rho V' - g \rho a^2 \int \cos \tau_1 \cos \mu \, ds,$$

et nous arrivons aux mêmes résultats qu'aux nos 6 et 7.

Désignons par λ l'angle de la normale à la surface du corps avec la normale N au cylindre vertical mené par la ligne $c\sigma'$, les deux normales étant menées intérieurement, il est clair qu'on aura

$$\tau_1 = \lambda + i.$$

Sur les composantes horizontales des forces exercées par un liquide sur un corps flottant.

12. Supposons le corps rapporté à trois axes rectangulaires des x, y, z, le plan des x, y étant toujours supposé le plan de niveau. En raisonnant comme aux nos 10 et 11, on trouvera, pour la somme des composantes dirigées suivant l'axe des x,

$$X = g \rho \int z \cos(n, x) \, d\Omega - g D \int z \cos(n, x) \, dO - g \rho a^2 \int \cos \tau_1' \cos \mu' \, ds$$

avec

$$\tau_1' = \lambda' + i,$$

les trois angles τ_1', λ', μ' ayant la même signification relativement à l'axe des x que τ_1, λ, μ pour l'axe des z. Je dis qu'on a

$$\int z \cos(n, x) \, dO = 0;$$

en effet, supposons deux éléments dO de la surface du corps qui aient la même projection sur le plan des yz. La quantité z y sera la même et la quantité $\cos(n, x) dO$ y aura des valeurs égales et de signe contraire, dont l'une sera la projection de ces éléments. Comme on peut prendre ainsi deux à deux tous les éléments de la surface, il est évident que l'intégrale est nulle. Pour la même raison, l'intégrale

$$\int z \cos(n, x) \, d\Omega$$

peut être réduite aux éléments compris entre la ligne s d'affleurement et une ligne horizontale tracée sur le corps par le point le plus bas de la ligne s. Cette intégrale étant ainsi comprise, on aura

$$X = g\rho\int z\cos(n,x)\,d\omega - g\rho a^2\int \cos\gamma_1'\cos\mu'\,ds.$$

On aura de même la somme des composantes des mêmes forces suivant l'axe des y.

Sur la théorie donnée par Poisson.

13. Poisson, dans le Chap. V de sa *Théorie de l'action capillaire*, s'est occupé de la modification de la pression hydrostatique par l'action capillaire sur un corps qui y est plongé en partie. Il partage le liquide qui environne le corps solide en différentes parties dont il recherche séparément l'action sur ce corps; il y emploie des calculs extrêmement compliqués, bien que très habiles; on peut toutefois reconnaître qu'il n'avait pas pris la question par son vrai côté, car il n'est parvenu à déterminer l'effet des actions capillaires que dans le cas où le corps est de révolution et son axe vertical.

La surface capillaire d'un liquide est sollicitée par une pression normale P égale à

$$g\rho a^2\left(\frac{1}{R} + \frac{1}{R_1}\right),$$

R et R_1 étant les rayons de courbure principaux de la surface en chaque point. Mais, comme le remarque Poisson, cette force s'exerce de la même manière sur une couche de liquide qui entoure le corps, R et R_1 étant les rayons de courbure principaux de ce corps, et cette pression se transmet au corps solide. Ainsi, en laissant de côté la pression qu'on a coutume d'appeler *hydrostatique*, chaque élément de la surface d'un corps situé dans un liquide n'est soumis qu'à la pression P. Cette surface est en outre sollicitée par une tension constante, et cette tension, exercée sur toute la surface immergée du corps, ne tend à produire aucun mouvement; il y a exception toutefois pour celle qui se produit le long de la ligne d'affleurement, parce qu'elle n'est pas contrebalancée de l'autre côté de cette ligne. Poisson trouve que, pour un corps solide de révolution dont l'axe est vertical, la résultante verticale des forces P est détruite par une action qui s'exerce près de la ligne d'affleurement, et qui n'est autre que la tension dont je viens de parler.

On doit remarquer que, dans la démonstration analytique que j'ai donnée dans les n°s 10 et 11, on ne rencontre pas l'action des forces P qui s'exercent sur la surface d'un corps solide de forme quelconque. On en doit conclure que les trois composantes de la résultante de ces forces sont détruites par les trois composantes de la résultante des tensions qui s'exercent le long de la ligne d'affleurement et tangentiellement au corps solide. C'est ce que nous prouverons par un calcul direct.

Calcul des trois composantes des forces capillaires.

14. Proposons-nous de calculer les trois composantes des forces

$$P = g\rho a^2\left(\frac{1}{R} + \frac{1}{R_1}\right),$$

qui agissent normalement sur la partie du corps solide baignée par le liquide. x, y, z étant les coordonnées rectangulaires d'un point de la surface du corps, posons

$$\frac{dz}{dx} = p, \quad \frac{dz}{dy} = q, \quad \sqrt{1 + p^2 + q^2} = v;$$

nous aurons

$$(a) \qquad \frac{1}{R} + \frac{1}{R_1} = \frac{d}{dx}\left(\frac{p}{v}\right) + \frac{d}{dy}\left(\frac{q}{v}\right),$$

comme nous l'avons déjà vu (Chap. II, n° 3). Remplaçons la quantité $g\rho a^2$ par la lettre M, et, en désignant par X, Y, Z les composantes de la force P, nous aurons

$$\frac{1}{M}Z = \frac{1}{v}\frac{d}{dx}\left(\frac{p}{v}\right) + \frac{1}{v}\frac{d}{dy}\left(\frac{q}{v}\right),$$

$$\frac{1}{M}X = -\frac{p}{v}\frac{d}{dx}\left(\frac{p}{v}\right) - \frac{p}{v}\frac{d}{dy}\left(\frac{q}{v}\right),$$

$$\frac{1}{M}Y = -\frac{q}{v}\frac{d}{dx}\left(\frac{p}{v}\right) - \frac{q}{v}\frac{d}{dy}\left(\frac{q}{v}\right),$$

formules qu'on peut remplacer par les suivantes :

$$Z = \frac{1}{v}\frac{d}{dx}\left(\frac{Mp}{v}\right) + \frac{1}{v}\frac{d}{dy}\left(\frac{Mq}{v}\right),$$

$$X = -\frac{1}{v}\frac{d}{dx}\left[\frac{M}{v}(1+q^2)\right] + \frac{1}{v}\frac{d}{dy}\left(\frac{M}{v}pq\right),$$

$$Y = -\frac{1}{v}\frac{d}{dy}\left[\frac{M}{v}(1+p^2)\right] + \frac{1}{v}\frac{d}{dx}\left(\frac{M}{v}pq\right).$$

Poisson, supposant la tension superficielle M variable, ce qui peut avoir lieu si la température du liquide n'est pas partout la même, est arrivé à ces trois formules. C'est pour indiquer cette généralisation que j'ai placé la quantité M sous les signes de différentiation; je ne la démontrerai pas cependant, parce qu'elle me paraît peu utile.

15. Faisons la somme des composantes verticales des forces P. Désignons par $d\omega$ un élément de la surface du corps baignée par le liquide; $\frac{1}{v}d\omega$ représentera sa projection sur le plan des xy et pourra être remplacé par $dx\,dy$. Nous aurons donc

$$(b)\qquad \frac{1}{M}\int Z\,d\omega = \int\int \frac{d}{dx}\left(\frac{p}{v}\right)dx\,dy + \int\int \frac{d}{dy}\left(\frac{q}{v}\right)dy\,dx.$$

Supposons d'abord qu'en tous les points de la ligne s qui termine la surface que nous considérons la normale intérieure au corps fasse un angle aigu avec l'axe des z positifs.

Désignons par c, c', c'' les cosinus des angles de la normale à la surface avec les trois axes; la direction de la normale faisant un angle aigu avec l'axe des z positifs, nous aurons

$$(c)\qquad c = -\frac{p}{v},\quad c' = -\frac{q}{v},\quad c'' = \frac{1}{v},$$

par suite

$$(d)\qquad \frac{1}{M}\int Z\,d\omega = -\int\int \frac{dc}{dx}dx\,dy - \int\int \frac{dc'}{dy}dy\,dx.$$

Par le contour s de la surface ω que nous considérons, menons une surface cylindrique parallèle à l'axe des z, et soient β, β', o les cosinu des angles de la normale intérieure à cette surface cylindrique avec les trois axes de coordonnées. Désignons aussi par λ l'angle des deux normales menées à la surface du corps et au cylindre en un point de la ligne s, par μ l'angle de ds avec le plan horizontal, enfin par s' la projection de la ligne s sur ce plan.

Dans la première intégrale du second membre de (d), effectuons l'intégration dans le contour s' le long d'une bande de largeur dy et parallèle à l'axe des x, nous aurons

$$dy\int \frac{dc}{dx}\,dx = (c_2 - c_1)\,dy,$$

c_1 et c_2 étant les valeurs extrêmes de c. On aura ensuite

$$dy = -\beta_2\,ds'_2 = \beta_1\,ds'_1,$$

β_2 et β_1 étant les valeurs de β aux deux extrémités et ds'_2, ds'_1 les arcs infiniment petits de s' interceptés par la bande. On en conclut

$$\int\!\!\int \frac{dc}{dx}\,dx\,dy = -\int c\beta\,ds' = -\int c\beta\cos\mu\,ds,$$

les intégrales du second et du troisième membre s'étendant au contour entier s' ou s. On a de même

$$\int\!\!\int \frac{dc'}{dy}\,dx\,dy = -\int c'\beta'\cos\mu\,ds;$$

il en résulte

$$\frac{1}{M}\int Z\,d\omega = \int (c\beta + c'\beta')\cos\mu\,ds.$$

Comme on a

$$c\beta + c'\beta' = \cos\lambda,$$

on a enfin

$$\int Z\,d\omega = M\int \cos\lambda\cos\mu\,ds. \qquad (e)$$

D'après ce qui a été dit, λ est l'angle formé par les deux normales menées en un point de la ligne s à la surface du corps et au cylindre vertical mené par s, les deux normales étant menées intérieurement au corps. On a supposé que la normale, ainsi menée à la surface du corps, fait un angle aigu avec l'axe des z positifs. Pour simplifier, admettons que la surface du corps soit entièrement convexe; si cette normale fait un angle obtus avec l'axe des z, d'après ce qui a été dit (Chap., II, n° 1), le second membre de (a) devrait être changé de signe, et par suite aussi le second membre de (b); mais les expressions (c) des cosinus c, c', c'' devraient être aussi changées de signe, et par conséquent il n'y aura rien à changer à la formule (d). On en conclut que la formule (e) reste exacte.

[Par inadvertance, Poisson dit, dans sa *Théorie de l'action capillaire* (Chap. V), que le signe de $\cos\lambda$ doit être changé dans la formule (e), quand la normale intérieure fait un angle obtus avec l'axe des z positifs.]

Si, en certains points de la ligne s, la surface était concave ou qu'elle fût concavo-convexe et de manière que la concavité fût plus grande que la convexité, on verrait facilement que le signe de $\cos\lambda$ devrait être changé en ces points et supposé négatif.

16. Concevons une force égale à M, normale à la ligne s, tangente à la surface du corps et dirigée du côté où le corps est touché par le liquide. D'après ce que j'ai démontré (n° 7), la projection verticale de la résultante de cette force est

$$-\mathrm{M}\int \cos\lambda \cos\mu \, ds,$$

c'est-à-dire qu'elle est égale et de signe contraire à la force verticale (e). Il est évident que le même résultat est applicable aux deux autres composantes; par conséquent, comme nous l'avons dit (n° 13), les trois composantes des forces normales P, qui agissent sur la partie de la surface du corps baignée par le liquide, sont détruites par la tension qui agit le long de la ligne d'affleurement, tangentiellement à la surface du corps.

Calcul des moments des forces capillaires.

17. D'après les expressions obtenues (n° 14) pour les composantes X, Y, Z de la force normale P qui agit sur la surface du corps, baignée

par le liquide, on a pour les moments de cette force

$$
\begin{aligned}
x\mathrm{Y} - y\mathrm{X} &= \frac{\mathrm{M}}{\rho}\frac{d}{dy}\left[(1+p^2)\frac{x}{\rho} + pq\frac{y}{\rho}\right] - \frac{\mathrm{M}}{\rho}\frac{d}{dx}\left[(1+q^2)\frac{y}{\rho} + pq\frac{x}{\rho}\right],\\
y\mathrm{Z} - z\mathrm{Y} &= -\frac{\mathrm{M}}{\rho}\frac{d}{dy}\left[(1+p^2)\frac{z}{\rho} - q\frac{y}{\rho}\right] + \frac{\mathrm{M}}{\rho}\frac{d}{dx}\left[\frac{p}{\rho}(qz+y)\right],\\
z\mathrm{X} - x\mathrm{Z} &= \frac{\mathrm{M}}{\rho}\frac{d}{dx}\left[(1+q^2)\frac{z}{\rho} - p\frac{x}{\rho}\right] - \frac{\mathrm{M}}{\rho}\frac{d}{dy}\left[\frac{q}{\rho}(pz+x)\right].
\end{aligned}
$$

Calculons l'intégrale

$$\int (x\mathrm{Y} - y\mathrm{X})\,d\omega,$$

étendue à toute la surface ω; nous pouvons la ramener à une intégrale relative à la ligne s qui termine ω, par le même calcul qui a été fait ci-dessus. Adoptant les mêmes notations et posant

$$\mathrm{U} = \frac{1}{\rho}[(1+q^2)y + pqx], \quad \mathrm{V} = \frac{1}{\rho}[(1+p^2)x + pqy],$$

nous aurons

$$
\begin{aligned}
\frac{1}{\mathrm{M}}\int (x\mathrm{Y} - y\mathrm{X})\,d\omega &= \int\int \frac{d\mathrm{V}}{dy}\,dx\,dy - \int\int \frac{d\mathrm{U}}{dx}\,dx\,dy\\
&= -\int (\mathrm{V}\beta' - \mathrm{U}\beta)\cos\mu\,ds.
\end{aligned}
$$

Remplaçons U et V par leurs valeurs, et nous obtiendrons

$$\frac{1}{\mathrm{M}}\int (x\mathrm{Y} - y\mathrm{X})\,d\omega = -\int [(1+p^2)\beta' x - (1+q^2)\beta y + pq(\beta' y - \beta x)]\frac{\cos\mu}{\rho}\,ds.$$

Comme on a aussi

$$\beta\cos\mu = -\frac{dy}{ds}, \quad \beta'\cos\mu = \frac{dx}{ds},$$

il en résulte

$$
(g)\quad \left\{
\begin{aligned}
&\frac{1}{\mathrm{M}}\int (x\mathrm{Y} - y\mathrm{X})\,d\omega\\
&\quad = -\int \frac{1}{\rho}[(1+p^2)x\,dx + (1+q^2)y\,dy + pq(x\,dy + y\,dx)].
\end{aligned}
\right.
$$

Désignons par ξ, η, ζ les composantes de la force M appliquée normalement à la courbe s et tangentiellement à la surface ω. D'après ce que nous avons vu, nous aurons

$$\zeta = -\mathrm{M}\cos\lambda\cos\mu,$$

λ étant l'angle des normales intérieures menées à la surface et au cylindre vertical mené par s. On a, par analogie,

$$\xi = -\mathrm{M}\cos\lambda'\cos\mu', \quad \eta = -\mathrm{M}\cos\lambda''\cos\mu'',$$

λ', μ' et λ'', μ'' étant ce que deviennent les quantités λ, μ quand on change l'axe des z en celui des x ou des y. En prenant les moments de ces forces tout le long de s par rapport à l'axe des z, on aura

$$\int (x\eta - y\xi)\,ds = -\mathrm{M}\int (x\cos\lambda''\cos\mu'' - y\cos\lambda'\cos\mu')\,ds.$$

Menons par s un cylindre parallèle à l'axe des x; soient (o, α', α'') les cosinus des angles de la normale avec les trois axes; soient $(\alpha_1, o, \alpha''_1)$ les mêmes quantités pour un cylindre parallèle à l'axe des y. Nous aurons ces formules

$$\alpha' = -\frac{dz}{\sqrt{dy^2+dz^2}}, \quad \alpha'' = \frac{dy}{\sqrt{dy^2+dz^2}},$$

$$\alpha''_1 = -\frac{dx}{\sqrt{dz^2+dx^2}}, \quad \alpha_1 = \frac{dz}{\sqrt{dz^2+dx^2}};$$

nous avons d'ailleurs

$$\cos\lambda' = c'\alpha' + c''\alpha'', \qquad \cos\lambda'' = c\alpha_1 + c''\alpha''_1,$$

$$\cos\mu' = \frac{\sqrt{dy^2+dz^2}}{ds}, \quad \cos\mu'' = \frac{\sqrt{dz^2+dx^2}}{ds},$$

$$c = -\frac{p}{v}, \quad c' = -\frac{q}{v}, \quad c'' = \frac{1}{v}.$$

Nous aurons donc, en remplaçant dans l'intégrale,

$$\int \frac{1}{v}[(px+qy)\,dz + x\,dx + y\,dy]$$

et en remarquant que l'on a

$$dz = p\,dx + q\,dy,$$

on obtient une expression égale et de signe contraire à (g).

Je crois inutile de revenir sur la question des changements de signe qui peuvent se produire dans les quantités employées dans la démonstration et qui se compensent dans le résultat final.

Il est évident qu'on arriverait à un résultat semblable pour les moments par rapport à l'axe des x ou à l'axe des y.

CHAPITRE V.

ÉLÉVATION D'UN LIQUIDE AU MOYEN D'UN DISQUE HORIZONTAL. — FIGURES DES GOUTTES DE LIQUIDE POSÉES SUR UN PLAN HORIZONTAL OU SUSPENDUES.

Poids d'un liquide soulevé au moyen d'un disque.

1. Lorsqu'on place la base parfaitement horizontale d'un disque sur la surface d'un liquide et qu'on le soulève graduellement, on éprouve une résistance de la part du liquide. Le disque en s'élevant soulève une colonne liquide, qui se détache seulement dès qu'elle atteint une certaine hauteur.

Supposons le disque circulaire. Au point M de la surface du liquide soulevé (*fig.* 28) et en tout point situé à la même hauteur dans la co-

Fig. 28.

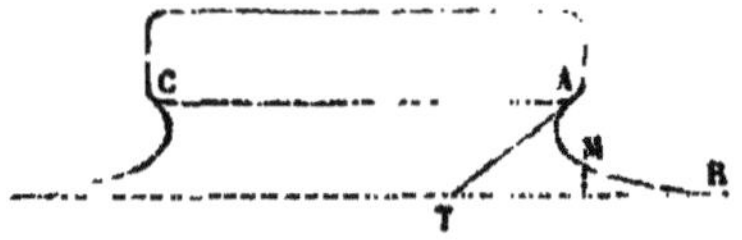

lonne liquide, la pression est égale à $\Pi - g\rho h$, Π étant la pression de l'atmosphère, g l'accélération due à la pesanteur, ρ la densité du liquide et h la hauteur du point M au-dessus du niveau. Donc, si l'on désigne par k la hauteur de la base inférieure du disque au-dessus de ce niveau, il existe sur cette base, dont la surface est B, une pression égale à $(\Pi - g\rho k)$B, et, comme la pression sur la base opposée est ΠB, le disque est tiré de haut en bas par une force verticale égale à $g\rho Bk$.

Le bord du disque, près de la base inférieure, ne doit pas être regardé comme une arête vive; mais il est formé d'une surface courbe dont les rayons de courbure, quoique très petits, sont cependant très grands par rapport au rayon d'activité moléculaire. Il en résulte que la surface du liquide, tout en faisant l'angle ordinaire i de raccordement avec cette surface, pourra faire un angle très différent de i avec le plan CA de la base. Désignons par υ l'angle ATR du plan tangent au bord supérieur du liquide avec l'horizon; la tension de la surface du liquide produira sur ce bord une force verticale, tirant de haut en bas et égale à

$$g\rho a^2 \mathrm{L} \sin\upsilon,$$

L étant la circonférence du bord. Donc, en définitive, le disque est sollicité de haut en bas par une force verticale égale à

$$g\rho \mathrm{B} k + g\rho \mathrm{L} a^2 \sin\upsilon.$$

Si, après avoir suspendu le disque au plateau d'une balance et lui avoir fait équilibre, on abaisse l'appareil de manière à mettre le disque au contact du liquide et qu'on élève graduellement ce disque, en ajoutant successivement dans le second plateau de petits poids dont la valeur totale est égale à P, on aura

$$\mathrm{P} = g\rho \mathrm{B} k + g\rho \mathrm{L} a^2 \sin\upsilon.$$

Nous déterminerons plus loin la grandeur maximum de k.

Supposons que le liquide mouille le disque. A mesure que le disque s'élèvera, le bord supérieur du liquide descendra sur la surface courbe de l'arête; l'angle υ aura d'abord pour valeur $\frac{\pi}{2} + i$, et il deviendra égal à i aux points de ce bord où le plan tangent est horizontal. Alors la ligne où le liquide s'arrête sur le disque cesse d'être déterminée et le liquide tombe.

Si le liquide mouille parfaitement le disque, l'angle i est nul.

Calcul de la surface du liquide soulevé par le disque.

2. Désignons par l le rayon du disque circulaire et par $l + x$ la distance à l'axe d'un point de la surface du liquide; z étant sa coor-

donnée verticale au-dessus du niveau, nous aurons l'équation

$$\frac{\frac{d^2 z}{dx^2}}{\left[1+\left(\frac{dz}{dx}\right)^2\right]^{\frac{3}{2}}}+\frac{1}{l+x}\,\frac{\frac{dz}{dx}}{\left[1+\left(\frac{dz}{dx}\right)^2\right]^{\frac{1}{2}}}=\frac{z}{a^2}.$$

Nommons φ l'angle de la tangente en un point du méridien de la surface avec l'horizon, nous aurons

$$\frac{dz}{dx}=-\operatorname{tang}\varphi;$$

l'équation précédente devient ainsi

$$(s)\qquad -\frac{d\varphi}{dx}\cos\varphi-\frac{\sin\varphi}{l+x}=\frac{z}{a^2},$$

et, en multipliant l'équation par $dz=-dx\operatorname{tang}\varphi$,

$$(t)\qquad d\varphi\sin\varphi-\sin\varphi\frac{dz}{l+x}=\frac{z\,dz}{a^2};$$

intégrant, nous avons

$$-\cos\varphi-\int_0^z\frac{\sin\varphi\,dz}{l+x}=\frac{z^2}{2a^2}+\text{const.}$$

Sur le niveau, on a $z=0$, $\varphi=0$, ce qui détermine la constante, et l'on a

$$(a)\qquad \frac{z^2}{2a^2}=1-\cos\varphi-\int_0^z\frac{\sin\varphi\,dz}{l+x}.$$

Si l'on suppose le disque très large, l sera très grand par rapport à a, et l'on aura approximativement

$$z=a\sqrt{2}\sqrt{1-\cos\varphi}=2a\sin\frac{\varphi}{2}.$$

Substituant cette valeur dans l'intégrale, nous aurons

$$\int\frac{\sin\varphi\,dz}{l+x}=2a\int\frac{\sin\frac{\varphi}{2}\cos^2\frac{\varphi}{2}}{l+x}d\varphi=-\frac{4a}{3}\int\frac{1}{l+x}d\left(\cos^3\frac{\varphi}{2}-1\right),$$

et, en intégrant par partie,

$$(b)\qquad \int_0^z \frac{\sin\varphi\, dz}{l+x} = -\frac{4a}{3}\,\frac{\cos^3\frac{\varphi}{2}-1}{l+x} - \frac{4a}{3}\int \frac{\cos^3\frac{\varphi}{2}-1}{(l+x)^2}\,dx.$$

Négligeons le second terme de cette formule qui est très petit vis-à-vis du premier, et nous aurons

$$(c)\qquad z^2 = 4a^2\sin^2\frac{\varphi}{2} - \frac{8a^3}{3}\,\frac{1-\cos^3\frac{\varphi}{2}}{l+x}$$

ou

$$z = 2a\sin\frac{\varphi}{2} - \frac{2a^2}{3}\,\frac{1-\cos^3\frac{\varphi}{2}}{(l+x)\sin\frac{\varphi}{2}},$$

formule donnée par Laplace.

3. On peut obtenir une approximation encore plus grande en remplaçant z par cette valeur dans le second membre de la formule (a) et ayant égard au second terme de la valeur de l'intégrale (b). Il faudra ainsi ajouter à la valeur de $\frac{z^2}{2a^2}$ l'expression

$$\frac{2a^2}{3}\int \frac{\sin\varphi}{l+x}\, d\,\frac{1-\cos^3\frac{\varphi}{2}}{(l+x)\sin\frac{\varphi}{2}} + \frac{4a}{3}\int \frac{\cos^3\frac{\varphi}{2}-1}{(l+x)^2}\,dx$$

$$= \frac{a^2}{3}\int \frac{\sin\varphi}{(l+x)^2\sin^2\frac{\varphi}{2}}\left[3\cos^2\frac{\varphi}{2}\sin^2\frac{\varphi}{2} - \left(1-\cos^3\frac{\varphi}{2}\right)\cos\frac{\varphi}{2}\right]d\varphi$$

$$- \frac{4a^2}{3}\int \frac{\cos^3\frac{\varphi}{2}-1}{(l+x)^2}\,\frac{\cos\frac{\varphi}{2}}{\operatorname{tang}\varphi}\,d\varphi$$

$$= \frac{2a^2}{3}\int \frac{1}{(l+x)^2}\left(4\cos^3\frac{\varphi}{2}-1\right)\sin\frac{\varphi}{2}\,d\varphi$$

$$= -\frac{4a^2}{3}\int \frac{1}{(l+x)^2}\, d\left(\cos^4\frac{\varphi}{2} - \cos\frac{\varphi}{2}\right)$$

et, en intégrant par partie de zéro à φ, on obtient sensiblement

$$-\frac{4}{3}\,\frac{a^2}{(l+x)^2}\left(\cos^3\frac{\varphi}{2}-1\right)\cos\frac{\varphi}{2}.$$

Ainsi l'on aura, au lieu de la formule (c),

$$(c') \qquad z^2 = 4a^2 \sin^2\frac{\varphi}{2} - \frac{8a^3}{3}\,\frac{1-\cos^3\frac{\varphi}{2}}{l+x}\left(1 - \frac{a}{l+x}\cos\frac{\varphi}{2}\right).$$

k étant la hauteur de la base inférieure du disque au-dessus du niveau du liquide, on a, pour le point le plus élevé du méridien de la colonne liquide,

$$x = 0, \quad z = k, \quad \varphi = \pi - \upsilon, \quad \frac{\varphi}{2} = \frac{\pi}{2} - \frac{\upsilon}{2}.$$

Ainsi l'on a

$$(d) \qquad k^2 = 4a^2 \cos^2\frac{\upsilon}{2} - \frac{8a^3}{3l}\left(1 - \sin^3\frac{\upsilon}{2}\right)\left(1 - \frac{a}{l}\sin\frac{\upsilon}{2}\right).$$

4. Supposons que le liquide mouille le disque; l'angle υ, d'après ce que nous avons dit, varie depuis $\frac{\pi}{2} + i$ jusqu'à i, et la valeur la plus grande de k aura lieu pour $\upsilon = i$, comme le prouve la formule précédente.

Pour que l'expérience réussisse bien et que toutes les parties de la base du disque soient en contact avec le liquide, on commence par mouiller le disque avant de faire l'expérience.

En général, i est nul, et l'on obtient, par conséquent, pour la valeur maximum de k^2,

$$K^2 = 4a^2 - \frac{8a^3}{3l}$$

ou

$$K = 2a - \frac{2a^2}{3l},$$

et cette quantité est indépendante de la nature du disque. On aura alors pour le poids du liquide soulevé $P = g\rho\pi l^2 K$, c'est-à-dire le poids d'un cylindre de hauteur K et de base égale à πl^2. Le rétrécissement au-dessous du disque est donc égal au volume du liquide soulevé en dehors du cylindre précédent.

Remarquons, en passant, que si l'on fait $\upsilon = \frac{\pi}{2}$ dans la formule (d), la quantité k sera la hauteur à laquelle s'élèverait le liquide le long des génératrices d'un cylindre vertical de révolution dont le rayon l est très grand. Ainsi l'on aura pour le carré de cette hauteur

$$2a^2 - \frac{8a^3}{3l}\left(1 - \frac{1}{2\sqrt{2}}\right)\left(1 - \frac{1}{\sqrt{2}}\frac{a}{l}\right).$$

5. Calculons directement le volume du liquide soulevé par le disque. Ce volume est égal au cylindre $\pi l^2 k$, plus à l'intégrale

$$(f) \qquad -2\pi\int_{\varphi=0}^{\varphi=\pi-\nu}(l+x)z\,dx.$$

On peut calculer rigoureusement cette intégrale. En effet, multiplions l'équation (s) par $(l+x)\,dx$ et intégrons, nous aurons

$$\frac{1}{a^2}\int(l+x)z\,dx = -\int(l+x)\cos\varphi\,d\varphi - \int\sin\varphi\,dx$$
$$= -(l+x)\sin\varphi + \text{const.},$$

et, en faisant commencer l'intégrale à $\varphi = 0$, la constante arbitraire est nulle, parce que $(l+x)\sin\varphi$ est nul pour $\varphi = 0$, bien que $(l+x)$ soit infini.

En effet, nous avons trouvé (n° 2), pour la surface du liquide, l'équation

$$\sin\varphi\,d\varphi - \frac{dz}{l+x}\sin\varphi = \frac{z\,dz}{a^2};$$

si nous supposons x très grand et, par suite, z très petit, cette équation se réduira à

$$\varphi\,d\varphi = \frac{z\,dz}{a^2} \quad \text{ou} \quad z = a\varphi,$$

puisque $z = 0$ pour $\varphi = 0$. Ensuite l'équation $\frac{dz}{dx} = -\operatorname{tang}\varphi$ donne

$$\frac{dz}{dx} = -\varphi, \quad dx = -a\frac{d\varphi}{\varphi}, \quad l + x = -a\log\varphi;$$

donc $(l+x)\sin\varphi$ pour $\varphi = 0$ a la même valeur que $-a\varphi\log\varphi$; elle est donc nulle.

On en conclut que l'intégrale (f) a pour valeur $2\pi la^2\sin\nu$, et l'on retrouve la formule

$$V = \pi l^2 k + 2\pi l a^2 \sin \upsilon,$$

pour le volume du liquide soulevé.

6. Supposons ensuite que le liquide soulevé par le disque soit le mercure (*fig.* 29). Désignons par j l'angle aigu de raccordement du mercure avec la surface AMH du disque et par υ l'angle aigu MDT du

Fig. 29.

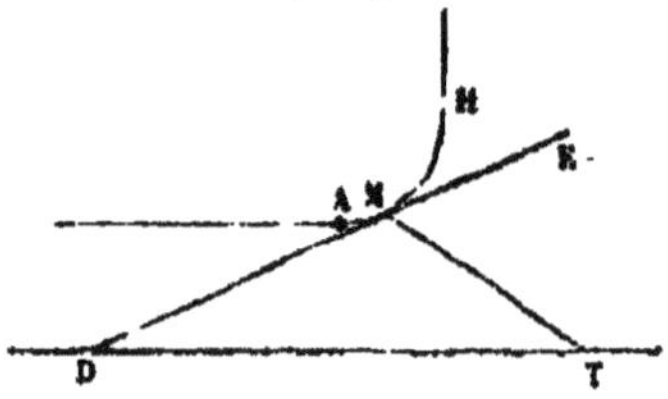

plan tangent à l'arête courbe avec l'horizon, le long de la ligne d'intersection S de la surface du liquide et de celle du disque. Si, sur cette ligne passant par M, υ est $< j =$ TME, comme on a posé

$$\tang \varphi = -\frac{dz}{dx},$$

et que, sur tout le méridien de la surface du liquide, z décroît avec x, $\tang \varphi$ est positif et φ est un angle aigu sur toute cette surface; on a donc

$$\varphi = \text{MTD} = j - \upsilon.$$

Si le liquide s'arrête en A au bas de l'arête, υ sera nul et φ sera égal à j.

Nous aurons donc la plus grande hauteur de la colonne de mercure élevée par le disque en faisant $\varphi = j$ dans la formule (c'). Réduisons cette formule à son premier terme, nous aurons

$$z^2 = 4a^2 \sin^2 \frac{\varphi}{2} \quad \text{ou} \quad z = 2a \sin \frac{\varphi}{2},$$

et nous aurons pour la plus grande hauteur du liquide soulevé

$$(f) \qquad K = 2a \sin \frac{j}{2}.$$

Remarquons que, pour $\nu = j$, nous aurons $\varphi = 0$ sur le disque et $z = 0$. Pour une valeur de ν plus grande que j, φ serait négatif et la ligne S s'abaisserait au-dessous du niveau.

L'angle de raccordement du mercure avec le verre dans l'eau est nul. Si donc on applique un disque de verre sur la surface du mercure et qu'on recouvre le mercure d'une couche d'eau, l'angle j sera nul, K le sera donc aussi et le disque se séparera du mercure sans résistance. Ce fait est vérifié par l'expérience.

7. Gay-Lussac a fait des expériences sur l'adhérence des disques aux liquides. Quand le liquide est susceptible de mouiller le disque, il commençait par mouiller ce disque avant de l'attacher au plateau de la balance et il a reconnu, comme on devait s'y attendre, que le poids maximum de liquide soulevé était indépendant de la matière du disque.

Gay-Lussac a pris successivement pour liquide l'eau, l'alcool et l'huile de térébenthine; les poids maxima soulevés ont été trouvés conformes à la théorie.

Il est au contraire arrivé à des résultats peu concordants entre eux en prenant le mercure pour liquide à soulever. Tandis que le poids maximum de mercure soulevé par le disque qu'il employait devait être, d'après la formule (f), de $222^{gr},464$, en supposant l'angle j égal à $45°30'$, ce poids a varié dans ces expériences depuis 158^{gr} jusqu'à 296^{gr}. Les valeurs moindres que le nombre théorique peuvent toujours facilement s'expliquer par une petite agitation venant de l'extérieur, qui aurait fait tomber la colonne mercurielle avant qu'elle fût arrivée à sa hauteur maximum.

On sait, d'autre part, que l'angle j de raccordement du mercure subit de grandes variations, et l'angle j peut encore croître, dans l'expérience actuelle, par suite du frottement du mercure sur lui-même tout près du disque; mais le poids de 296^{gr} ayant été obtenu en soulevant le disque dans un temps que Gay-Lussac indique comme long, sans en donner la grandeur, c'est surtout à l'oxydation de la surface du mercure qu'il faut attribuer la grandeur du poids soulevé, et l'angle de raccordement j a dû s'élever à environ $60°$.

Goutte d'un liquide sur un plan horizontal.

8. L'équation de la surface de la goutte est

$$(\alpha)\qquad z - h = a^2\left(\frac{1}{R} + \frac{1}{R_1}\right),$$

en prenant pour plan des x, y le plan horizontal sur lequel repose la goutte et l'axe des z étant, comme à l'ordinaire, mené vertical de bas en haut. Si la goutte est très large, on aura, à très peu près, au point le plus haut, $R = \infty$, $R_1 = \infty$ et h sera la plus grande épaisseur de la goutte. Si la goutte est de révolution, que q soit sa plus grande hauteur et que b soit la valeur prise positivement des rayons de courbure principaux au sommet, on aura en ce point $R = R_1 = -b$, et il en résultera

$$h = q + \frac{2a^2}{b}.$$

h étant supposé connu, examinons comment on pourra calculer le volume V de la goutte. Multiplions l'équation (α) par $dx\,dy$ et intégrons dans toute l'étendue de la projection de la surface libre de la goutte; si B est la surface plane par laquelle la goutte repose, nous aurons

$$V - Bh = a^2\int\left(\frac{1}{R} + \frac{1}{R_1}\right)dx\,dy,$$

en changeant $dx\,dy$ de signe pour les points situés à la partie inférieure de la goutte, déterminée par un cylindre circonscrit vertical. Or, d'après le raisonnement donné (Chap. II, n° 3), on aura, pour cette intégrale dont tous les éléments sont négatifs,

$$(\beta)\qquad \int\left(\frac{1}{R} + \frac{1}{R_1}\right)dx\,dy = -\lambda\sin i,$$

λ étant le contour de la base de la goutte et i l'angle aigu de raccordement du mercure avec le plan. On aura donc cette formule

$$(\gamma)\qquad V = Bh - a^2\lambda\sin i.$$

9. On peut encore démontrer la formule (γ) de la manière suivante, donnée par M. Bertrand (*Journal de Liouville*, t. XIII, 1848).

L'intégrale double (β), prise en signe contraire, peut être considérée comme la composante verticale d'un système de pressions normales à la surface libre de la goutte et ayant sur chaque élément $d\sigma$ de cette surface une intensité égale à $-\left(\frac{1}{R}+\frac{1}{R_1}\right)d\sigma$. Ce système de forces peut être remplacé par deux autres systèmes. En effet, imaginons une surface σ' parallèle à σ et menée au-dessus de σ à la distance ε infiniment petite. Supposons que chaque élément $d\sigma$ de la première surface soit sollicité normalement de bas en haut par une force $\frac{1}{\varepsilon}d\sigma$, et de même chaque élément $d\sigma'$ par la force $\frac{1}{\varepsilon}d\sigma'$, mais en sens contraire. Si $d\sigma$ et $d\sigma'$ sont deux éléments correspondants, en sorte que $d\sigma'$ soit la projection de $d\sigma$ sur σ', on aura

$$d\sigma'-d\sigma=-\left(\frac{1}{R}+\frac{1}{R_1}\right)\varepsilon\,d\sigma$$

(*voir* Chap. I, n° 8). La différence des forces qui agissent sur ces deux éléments est donc bien

$$\frac{1}{\varepsilon}d\sigma'-\frac{1}{\varepsilon}d\sigma=-\left(\frac{1}{R}+\frac{1}{R_1}\right)d\sigma.$$

Il reste à prendre la somme des composantes verticales de toutes ces forces; elle est

$$\frac{1}{\varepsilon}\int\cos(z,n)\,d\sigma'-\frac{1}{\varepsilon}\int\cos(z,n)\,d\sigma,$$

(z, n) indiquant l'angle de la normale intérieure avec la verticale menée de haut en bas. Ces deux intégrales doubles représentent les projections P′ et P de σ' et σ sur le plan des x, y; nous aurons donc

$$-\int\int\left(\frac{1}{R}+\frac{1}{R_1}\right)dx\,dy=\frac{1}{\varepsilon}(P'-P);$$

mais la différence $P'-P$ des projections de σ' et σ est égale à la projection de la surface réglée infiniment petite menée normalement à σ le long de la ligne λ et comprise entre σ et σ'; elle est donc égale à $\varepsilon\lambda\sin i$; on a donc bien la formule (β).

Figure d'une large goutte de mercure placée sur un plan horizontal.

10. Nous supposerons que la surface de la goutte est de révolution.

Afin de nous rapprocher le plus possible des calculs des n°s 2 et 3, menons l'axe des z vertical de haut en bas et menons dans le méridien de la surface l'axe des x tangent au sommet. Désignons ensuite par l le rayon de la base de la goutte et par $l+x$ la distance à l'axe d'un point quelconque de la surface; nous aurons l'équation

$$\text{(A)} \qquad \frac{\dfrac{d^2z}{dx^2} + \dfrac{1}{l+x}\left[1+\left(\dfrac{dz}{dx}\right)^2\right]\dfrac{dz}{dx}}{\left[1+\left(\dfrac{dz}{dx}\right)^2\right]^{\frac{3}{2}}} = \frac{z-h}{a^2}.$$

Quand la tangente à la courbe devient verticale, $\frac{dz}{dx}$ devient infini, et le dénominateur change de signe pour la partie inférieure de la goutte (*fig.* 30).

Fig. 30.

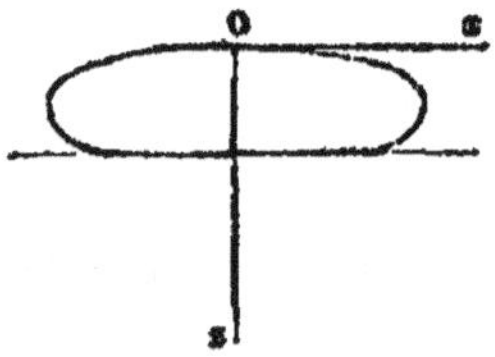

Désignons par b le rayon de courbure au sommet de la courbe; les deux rayons de courbure principaux sont égaux à b en ce point; le premier membre de l'équation se réduit à $\frac{2}{b}$, et l'on a, en faisant $z=0$,

$$h = -\frac{2a^2}{b}.$$

Posons

$$\tang\varphi = \frac{dz}{dx},$$

nous trouverons, au lieu de l'équation (t) du n° 2,

$$\sin\varphi\, d\varphi + \sin\varphi \frac{dz}{l+x} = \frac{(z-h)\,dz}{a^2},$$

et, en intégrant,

$$\frac{(z-h)^2}{2a^2} = 1 - \cos\varphi + \int_0^z \frac{\sin\varphi\, dz}{l+x};$$

pour $\varphi = 0$, on doit avoir $z = 0$, et l'intégrale est nulle; comme le premier membre se réduit à $\frac{h^2}{2a^2} = \frac{2a^2}{b^2}$, il faudrait en toute rigueur ajouter cette quantité au second membre; mais, comme nous supposons b très grand, cette quantité est très petite et négligeable.

Nous avons ensuite

$$\int_0^z \frac{\sin\varphi\, dz}{l+x} = \frac{4a}{3}\,\frac{1-\cos^3\frac{\varphi}{2}}{l+x} + \frac{4a}{3}\int \frac{1-\cos^3\frac{\varphi}{2}}{(l+x)^2}\,dx,$$

et, en négligeant le dernier terme comme très petit par rapport au premier, on aura

$$\text{(B)} \qquad (z-h)^2 = 4a^2\sin^2\frac{\varphi}{2} + \frac{8a^3}{3}\,\frac{1-\cos^3\frac{\varphi}{2}}{l+x},$$

$$\text{(C)} \qquad z-h = 2a\sin\frac{\varphi}{2} + \frac{2a^2}{3}\,\frac{1-\cos^3\frac{\varphi}{2}}{(l+x)\sin\frac{\varphi}{2}}.$$

Faisons $\varphi = \pi - i$, i étant l'angle aigu formé par la surface du mercure avec le plan horizontal; et désignons par q la hauteur de la goutte, nous aurons en même temps $x = 0$, $z = q$, et l'équation précédente deviendra

$$\text{(D)} \qquad q = 2a\cos\frac{i}{2} - \frac{2a^2}{b} + \frac{2a^2}{3l}\,\frac{1-\sin^3\frac{i}{2}}{\cos\frac{i}{2}}.$$

Telle est la formule donnée par Laplace, qui exprime l'épaisseur de la goutte en supposant connu le rayon de courbure b au sommet qui entre dans le terme très petit $-\frac{2a^2}{b}$.

En poussant plus loin l'approximation, on aura, d'après le calcul du nº 3,

$$\left(z+\frac{2a^2}{b}\right)^2 = 4a^2\sin^2\frac{\varphi}{2} + \frac{8a^3}{3}\,\frac{1-\cos^3\frac{\varphi}{2}}{l+x}\left(1-\frac{a}{l+x}\cos\frac{\varphi}{2}\right),$$

et la hauteur q de la goutte sera donnée par la formule

$$\left(q+\frac{2a^2}{b}\right)^2=4a^2\cos^2\frac{i}{2}+\frac{8a^3}{3l}\left(1-\sin^3\frac{i}{2}\right)\left(1-\frac{a}{l}\sin\frac{i}{2}\right)$$

ou

$$\text{(E)}\qquad q=-\frac{2a^2}{b}+\sqrt{4a^2\cos^2\frac{i}{2}+\frac{8a^3}{3l}\left(1-\sin^3\frac{i}{2}\right)\left(1-\frac{a}{l}\sin\frac{i}{2}\right)}.$$

Cette formule pourra donner une approximation très supérieure à celle qui est fournie par la formule de Laplace, si $\frac{a}{l}$ n'est pas une quantité extrêmement petite.

11. Calculons maintenant le rayon de courbure b.

Dans l'équation (A), remplaçons $l+x$ par r, et, en négligeant les termes du troisième degré par rapport à $\frac{dz}{dr}$, nous aurons

$$\frac{d^2z}{dr^2}+\frac{1}{r}\frac{dz}{dr}=\frac{z-h}{a^2}$$

ou

$$r\frac{d^2z}{dr^2}+\frac{dz}{dr}-\frac{r}{a^2}z-\frac{2}{b}r=0.$$

On en tire

$$z=\frac{2a^2}{b\pi}\int_0^\pi\left(e^{\frac{r}{a}\cos\psi}-1\right)d\psi=-\frac{2a^2}{b}+\frac{2a^2}{b\pi}e^{\frac{r}{a}}\int_0^\pi e^{-\frac{2r}{a}\sin^2\frac{\psi}{2}}d\psi;$$

ce n'est pas l'intégrale générale, mais elle s'annule pour $r=0$, ainsi que $\frac{dz}{dr}$; elle est donc l'intégrale voulue.

Le calcul actuel suppose que $\frac{dz}{dr}$ reste très petit sur la partie considérée de la courbe; toutefois on peut supposer que r soit assez grand pour que $\frac{2r}{a}$ soit un nombre considérable.

Posons, en prenant t pour variable,

$$\sin\frac{\psi}{2}=\sqrt{\frac{a}{2r}}\,t,\qquad d\psi=\sqrt{\frac{2a}{r}}\left(1+\frac{a}{4r}t^2\right)dt.$$

En supposant r assez grand pour que la limite supérieure $\sqrt{\frac{2r}{a}}$ de l'intégrale par rapport à t puisse être remplacée par ∞, on aura

$$z = -\frac{2a^2}{b} + \frac{2\sqrt{2}a^{\frac{3}{2}}}{b\pi}\frac{e^{\frac{r}{a}}}{\sqrt{r}}\int_0^\infty e^{-t^2}\left(1+\frac{a}{4r}t^2\right)dt.$$

Or

$$\int_0^\infty e^{-t^2}\,dt = \frac{\sqrt{\pi}}{2};$$

donc

$$(m)\qquad z = -\frac{2a^2}{b} + \frac{\sqrt{2}a^{\frac{3}{2}}}{b\sqrt{\pi}}\frac{e^{\frac{r}{a}}}{\sqrt{r}}\left(1+\frac{a}{8r}\right).$$

Calculons ensuite la quantité z approximativement en fonction de r, vers le bord de la goutte.

En ne prenant dans l'expression (C) de $z-h$ que son premier terme, on a

$$dz = a\cos\frac{\varphi}{2}\,d\varphi,$$

et, comme $dz = dr\,\text{tang}\,\varphi$, on a

$$dr = a\frac{\cos\frac{\varphi}{2}}{\text{tang}\,\varphi}\,d\varphi = a\left(-\sin\frac{\varphi}{2} + \frac{1}{2\sin\frac{\varphi}{2}}\right)d\varphi.$$

En intégrant, on a

$$(n)\qquad \frac{r}{a} = 2\cos\frac{\varphi}{2} + \log\text{tang}\,\frac{\varphi}{4} + \text{const.}$$

Pour $\varphi = \pi - i$, on a $r = l$; donc

$$\text{const.} = \frac{l}{a} - 2\sin\frac{i}{2} - \log\text{tang}\left(\frac{\pi}{4} - \frac{i}{4}\right),$$

et, en remplaçant dans l'équation (n), on obtient

$$\log\text{tang}\,\frac{\varphi}{4} = \frac{r}{a} - \frac{l}{a} + 2\sin\frac{i}{2} + \log\text{tang}\,\frac{\pi - i}{4} - 2\cos\frac{\varphi}{2},$$

et si l'on veut appliquer cette équation en un point pour lequel φ est très petit et pour lequel l'équation (m) a déjà été établie, on pourra faire $\varphi = 0$ dans le dernier terme, et l'on aura

$$\tang\frac{\varphi}{4} = \tang\frac{\pi - i}{4}\, e^{\frac{r-l}{a} - 2 + 2\sin\frac{i}{2}},$$

et, parce que φ est très petit, on en conclut encore

$$\tang\varphi = \frac{dz}{dr} = 4\tang\frac{\pi - i}{4}\, e^{\frac{r-l}{a} - 4\sin^2\frac{\pi - i}{4}},$$

$$(p) \qquad z = \text{const.} + 4a\tang\frac{\pi - i}{4}\, e^{\frac{r-l}{a} - 4\sin^2\frac{\pi - i}{4}}.$$

Les deux équations (m) et (p) doivent avoir lieu à la partie supérieure de la goutte en des points où r est grand, quoique $\frac{dz}{dr}$ soit très petit, et l'on en conclut, en égalant les deux valeurs de z,

$$\frac{\sqrt{2}\,a^{\frac{3}{2}}}{b\sqrt{\pi l}} = 4a\tang\frac{\pi - i}{4}\, e^{-4\sin^2\frac{\pi - i}{4} - \frac{l}{a}},$$

$$(\mathrm{F}) \qquad \frac{1}{b} = 2\sqrt{2}\,a^{-\frac{3}{2}}\sqrt{\pi l}\tang\frac{\pi - i}{4}\, e^{-\frac{l}{a} - 4\sin^2\frac{\pi - i}{4}}.$$

Ainsi la formule (D) ou (E) ne renfermera plus rien d'inconnu. L'équation (F), qui détermine b, a été donnée par Laplace.

12. *Calcul du rayon du plus grand parallèle de la goutte.* — Désignons par 2L la plus grande largeur de la goutte qui correspond à $\varphi = \frac{\pi}{2}$; on déduira de la formule (n)

$$\mathrm{L} = l + a\sqrt{2} - 2a\sin\frac{i}{2} + a\log\tang\frac{\pi}{8} - a\log\tang\frac{\pi - i}{4}.$$

Désignons par β la différence entre L et l, c'est-à-dire posons

$$(q) \qquad \beta = a\sqrt{2} - 2a\sin\frac{i}{2} + a\log\tang\frac{\pi}{8} - a\log\tang\frac{\pi - i}{4},$$

et proposons-nous de calculer L avec une approximation plus grande.

Pour calculer r d'une manière plus approchée que par la formule (n), il faudra, dans la formule

$$dr = \frac{dz}{\tang\varphi},$$

prendre pour z toute l'expression (C), en remplaçant toutefois $l+x$ par $l+\beta$, ce qui augmentera le second membre de (n) de

$$\frac{2a}{3(l+\beta)}\int \frac{1}{\tan\varphi}\, d\left(\frac{1-\cos^3\frac{\varphi}{2}}{\sin\frac{\varphi}{2}}\right)$$

$$= \frac{a}{6(l+\beta)}\left(\frac{\cos\frac{\varphi}{2}-1}{\sin^2\frac{\varphi}{2}} - 4\sin^2\frac{\varphi}{2} + 3\log\tan\frac{\varphi}{4}\right) + C,$$

la constante C devant être déterminée de manière que cette intégrale s'annule pour $\varphi = \pi - i$; ce qui donne

$$C = \frac{a}{6(l+\beta)}\left(\frac{1-\sin\frac{i}{2}}{\cos^2\frac{i}{2}} + 4\cos^2\frac{i}{2} - 3\log\tan\frac{\pi-i}{4}\right).$$

On aura donc

$$r = 2a\cos\frac{\varphi}{2} + a\log\tan\frac{\varphi}{4} + l - 2a\sin\frac{i}{2} - a\log\tan\frac{\pi-i}{4}$$
$$- \frac{a^2}{6(l+\beta)}\left(\frac{1}{2\cos^2\frac{\varphi}{4}} + 4\sin^2\frac{\varphi}{2} - 3\log\tan\frac{\varphi}{4}\right)$$
$$+ \frac{a^2}{6(l+\beta)}\left(\frac{1}{2\cos^2\frac{\pi-i}{4}} + 4\cos^2\frac{i}{2} - 3\log\tan\frac{\pi-i}{4}\right).$$

On aura donc, pour le plus grand rayon de la goutte,

$$(G)\quad \left\{\begin{aligned} L = l + \beta - \frac{a^2}{6(l+\beta)}&\left(\frac{1}{2\cos^2\frac{\pi}{8}} + 2 - 3\log\tan\frac{\pi}{8}\right) \\ + \frac{a^2}{6(l+\beta)}&\left(\frac{1}{2\cos^2\frac{\pi-i}{4}} + 4\cos^2\frac{i}{2} - 3\log\tan\frac{\pi-i}{4}\right), \end{aligned}\right.$$

β ayant la valeur donnée par la formule (q).

Les formules (D) et (F) permettent de calculer la hauteur q d'une large goutte de mercure, quand on connaîtra le rayon l de la base. Si l'on regarde la plus grande largeur $2L$ de la goutte comme une donnée de l'expérience, on en conclura l par la formule (G) et l'on obtiendra ensuite la hauteur q comme précédemment.

13. *Calcul des dimensions d'une large goutte de mercure au moyen de son volume.* — Supposons que l'on donne le poids et, par suite, le volume V de la goutte. Nous avons obtenu (n° 8) la formule

$$V = B\left(q + \frac{2a^2}{b}\right) - a^2\lambda \sin i;$$

en y faisant

$$B = \pi l^2, \quad \lambda = 2\pi l,$$

nous aurons

$$\left(q + \frac{2a^2}{b}\right) l^2 - 2la^2 \sin i = \frac{V}{\pi},$$

et, en remplaçant le coefficient de l^2 d'après la formule (D), nous obtenons

$$l^2 + \left(\frac{1}{3}\,\frac{1 - \sin^3\frac{i}{2}}{\cos^2\frac{i}{2}} - 2\sin\frac{i}{2}\right) al - \frac{V}{2\pi a \cos\frac{i}{2}} = 0;$$

on obtiendra l en calculant la racine positive de cette équation du second degré. On aura ensuite b et q par les formules (F) et (D).

Goutte de mercure de révolution, placée entre deux lames horizontales.

14. Prenons pour axe des z l'axe vertical de la goutte mené de haut

Fig. 31.

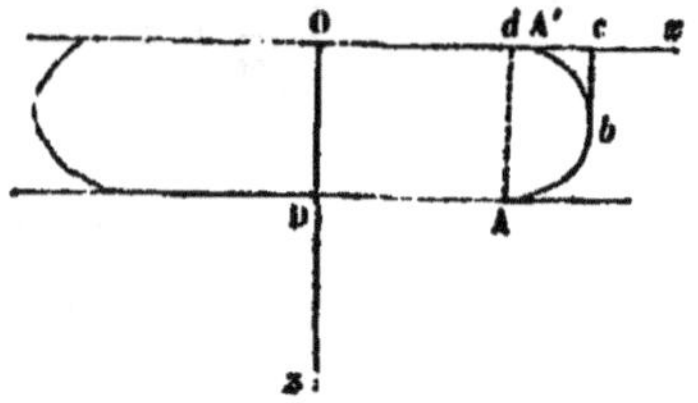

en bas et l'axe des x dans le plan horizontal supérieur (*fig.* 31). Désignons par l le rayon DA de la base inférieure et par l' celui de la base supérieure. Désignons encore par $l+x$ la distance à l'axe d'un point de la surface libre du liquide. En conservant à toutes les lettres la même signification qu'au n° 10, nous aurons, comme dans ce numéro, l'équation

$$(a) \qquad z = h + 2a\sin\frac{\varphi}{2} + \frac{2a^2}{3}\,\frac{1-\cos^3\frac{\varphi}{2}}{(l+x)\sin\frac{\varphi}{2}},$$

h étant une constante à déterminer.

Regardons l comme connu et désignons par q la distance des deux lames qui est donnée; si nous faisons $\varphi = \pi - i$, nous aurons

$$q = h + 2a\cos\frac{i}{2} + \frac{2a^2}{3l}\,\frac{1-\sin^3\frac{i}{2}}{\cos\frac{i}{2}};$$

cette équation déterminera h.

En supposant la lame supérieure de même nature que la lame inférieure, on aura en même temps

$$z = 0, \quad l + x = l', \quad \varphi = i,$$

et, par suite,

$$0 = h + 2a\sin\frac{i}{2} + \frac{2a^2}{3l'}\,\frac{1-\cos^3\frac{i}{2}}{\sin\frac{i}{2}},$$

équation qui ne renferme que l' d'inconnue, mais qui ne pourrait servir à la déterminer avec assez d'approximation.

Mais, d'après le calcul du n° 12, nous avons, pour la distance $l+x$,

$$\begin{aligned} r = l &+ 2a\cos\frac{\varphi}{2} + a\log\operatorname{tang}\frac{\varphi}{4} - 2a\sin\frac{i}{2} - a\log\operatorname{tang}\frac{\pi-i}{4} \\ &- \frac{a^2}{6l}\left(\frac{1}{2\cos^2\frac{\varphi}{4}} + 4\sin^2\frac{\varphi}{2} - 3\log\operatorname{tang}\frac{\varphi}{4}\right) \\ &+ \frac{a^2}{6l}\left(\frac{1}{2\cos^2\frac{\pi-i}{4}} + 4\cos^2\frac{i}{2} - 3\log\operatorname{tang}\frac{\pi-i}{4}\right) \end{aligned}$$

et, en y faisant $\varphi = i$,

$$l' = l + 2a\left(\cos\frac{i}{2} - \sin\frac{i}{2}\right) + a\log\operatorname{tang}\frac{i}{4} - a\log\operatorname{tang}\frac{\pi - i}{4}$$
$$-\frac{a^2}{6l}\left(\frac{1}{2\cos^2\frac{i}{4}} + 4\sin^2\frac{i}{2} - 3\log\operatorname{tang}\frac{i}{4}\right)$$
$$+\frac{a^2}{6l}\left(\frac{1}{2\cos^2\frac{\pi - i}{4}} + 4\cos^2\frac{i}{2} - 3\log\operatorname{tang}\frac{\pi - i}{4}\right).$$

On obtiendra le rayon L du plus grand parallèle de la goutte, en faisant $\varphi = \frac{\pi}{2}$ dans l'expression de r; puis on aura la distance f de ce parallèle au plan supérieur, en faisant $\varphi = \frac{\pi}{2}$ dans (a), et l'on obtiendra

$$f = h + a\sqrt{2} + \frac{a^2}{3L}(2\sqrt{2} - 1).$$

15. Cherchons la formule qui exprime le volume de la goutte.

Nous avons l'équation

$$(b)\qquad a^2\left(\frac{1}{R} + \frac{1}{R_1}\right) = z - h.$$

Désignons par $d\sigma$ un élément de la surface libre de la goutte, par γ l'angle de la normale intérieure avec l'axe des z et par $d\sigma'$ la projection de $d\sigma$ sur le plan des x, y; nous aurons

$$\frac{d\sigma}{\cos\gamma} = \pm\, dx\, dy = \pm\, d\sigma',$$

suivant que γ sera aigu ou obtus. Multiplions l'équation (b) par $\pm\, d\sigma'$ et intégrons dans toute l'étendue de la surface courbe, nous aurons

$$(c)\qquad a^2\int \pm\left(\frac{1}{R} + \frac{1}{R_1}\right) d\sigma' = \int \pm\, z\, d\sigma' - h\int \pm\, d\sigma',$$

les éléments ayant le signe $+$ ou le signe $-$, d'après ce que nous venons de dire. Nous aurons ensuite

$$\int \pm\, d\sigma' = \pi(l^2 - l'^2),$$

$$\int \pm\, z\, d\sigma' = -\operatorname{vol} A\,bcd + \operatorname{vol} bc\mathrm{A}' = -(\operatorname{vol} A\,bcd + \operatorname{vol} \mathrm{DA}\,d\mathrm{O} - \operatorname{vol} bc\mathrm{A}') + \pi l^2 q,$$

en indiquant les volumes de révolution par les surfaces qui les engendrent. Si nous désignons par V le volume de la goutte, nous aurons

$$\int \pm z\, d\sigma' = -V + \pi l^2 q.$$

Pour calculer la première intégrale de l'équation (c), imaginons, comme au n° 9, une surface infiniment voisine de la surface courbe, parallèle et située au-dessus, à la distance ε; de plus, terminons-la aux normales menées à la première surface le long de ses bords. Désignons par P la projection de la première surface sur le plan des x, y et par P′ la projection de la seconde surface. Nous aurons

$$\int \pm \left(\frac{1}{R} + \frac{1}{R_1}\right) d\sigma' = -\frac{1}{\varepsilon}(P' - P).$$

Projetons les deux surfaces parallèles et les surfaces latérales des deux troncs de cône qui les unissent sur le plan des x, y, nous aurons

$$-2\pi l \varepsilon \sin i + P + 2\pi l' \varepsilon \sin i - P' = 0$$

ou

$$\frac{1}{\varepsilon}(P' - P) = 2\pi(l' - l)\sin i.$$

Remplaçons dans (c) les trois intégrales par leurs valeurs, et nous aurons

$$(d) \qquad V = (q - h)\pi l^2 - 2\pi(l - l')a^2 \sin i + h\pi l'^2.$$

16. Supposons qu'on connaisse le volume V de la goutte; pour déterminer sa figure, il faudra déterminer l, l' et h.

Posons

$$A = 2\left(\cos\frac{i}{2} - \sin\frac{i}{2}\right) + \log\operatorname{tang}\frac{i}{4} - \log\operatorname{tang}\frac{\pi - i}{4},$$

$$B = \frac{1}{2\cos^2\frac{i}{4}} + 4\sin^2\frac{i}{2} - 3\log\operatorname{tang}\frac{i}{4} - \frac{1}{2\cos^2\frac{\pi - i}{4}} - 4\cos^2\frac{i}{2} + 3\log\operatorname{tang}\frac{\pi - i}{4},$$

$$C = 2\cos\frac{i}{2} + \frac{2a}{3l}\,\frac{1 - \sin^3\frac{i}{2}}{\cos\frac{i}{2}},$$

nous aurons

$$h = q - aC, \quad l' = l + Aa - \frac{a^2}{6l} B,$$

et l'équation (d) deviendra

$$ql^2 + 2Aa(q - aC)l - \frac{V}{\pi} + 2Aa^2 \sin i$$
$$+ (q - aC)\left(A^2 - \frac{B}{3}\right)a^2 - \frac{Ba^2}{3l}(a \sin i + Aq - AaC) = 0.$$

Négligeons d'abord les termes en $\frac{1}{l}$; et nous obtiendrons l en calculant la racine positive d'une équation du second degré; remplaçons l, par la valeur obtenue, dans les termes en $\frac{1}{l}$, et nous obtiendrons ensuite l avec une plus grande approximation. Connaissant le rayon l, nous sommes ramenés à un problème qui a été traité (n° **14**).

Détermination de la constante a^2 et de l'angle i de raccordement du mercure avec le verre.

17. On peut opérer ainsi, comme l'a fait Édouard Desains. Il mesura la dépression du mercure dans un vase large auprès d'une lame de verre plane et verticale. En désignant par H cette dépression, on a

$$(1) \qquad H^2 = 2a^2(1 - \sin i).$$

Il observa ensuite la plus grande épaisseur d'une large goutte, ayant $49^{mm},5$ de rayon, et il substitua cette valeur à la place de q dans la formule de Laplace,

$$(2) \qquad q = 2a \cos\frac{i}{2} - \frac{2a^2}{b} + \frac{2a^2}{3l}\,\frac{1 - \sin^3\frac{i}{2}}{\cos\frac{i}{2}},$$

en négligeant le terme très petit $-\frac{2a^2}{b}$. On réduira d'abord le second membre de l'équation (2) à son premier terme et l'on calculera ainsi a et i. On obtiendra ensuite une approximation plus grande, en tenant compte du troisième terme de l'équation (2). Desains a trouvé ainsi

$$a^2 = 3,43, \quad i = 41°36'.$$

Calcul d'une petite goutte de mercure.

18. Prenons pour axe des r la tangente au sommet du méridien de la goutte de mercure, pour axe des z la verticale qui passe par ce sommet et menée de haut en bas. Désignons par r la distance d'un point du méridien de la surface à l'axe et par φ l'angle de la tangente à ce méridien avec l'axe des r; nous supposerons que cet angle, nul au sommet de la goutte, croît jusqu'à $\pi - i$, en représentant par i l'angle aigu de raccordement du mercure avec le plan sur lequel repose la goutte. Puis nous poserons

$$\text{(A)} \qquad \begin{cases} z = A_1\varphi^2 + A_2\varphi^4 + A_3\varphi^6 + A_4\varphi^8 + \ldots, \\ r = B_1\varphi + B_2\varphi^3 + B_3\varphi^5 + B_4\varphi^7 + \ldots. \end{cases}$$

D'après le n° 10, nous avons ces deux équations, où h est égal à $-\frac{2a^2}{b}$:

$$r\cos\varphi\, d\varphi + \sin\varphi\, dr = \frac{1}{a^2}(z - h)r\, dr,$$

$$dz = dr \tang\varphi,$$

et, en y substituant les deux expressions précédentes, on trouvera les valeurs suivantes des coefficients, où b représente le rayon de courbure au sommet :

$$A_1 = \frac{b}{2}, \quad A_2 = -\left(\frac{1}{24}b + \frac{3}{32}\frac{b^3}{a^2}\right),$$

$$A_3 = \frac{1}{2.3.4.5.6}b + \frac{1}{72}\frac{b^3}{a^2} + \frac{5}{144}\frac{b^5}{a^4},$$

$$A_4 = -\left(\frac{1}{2.3.4.5.6.7.8}b + \frac{13}{15360}\frac{b^3}{a^2} + \frac{67}{9216}\frac{b^5}{a^4} + \frac{1183}{73728}\frac{b^7}{a^6}\right);$$

$$B_1 = b, \quad B_2 = -\left(\frac{1}{6}b + \frac{1}{8}\frac{b^3}{a^2}\right),$$

$$B_3 = \frac{1}{120}b + \frac{1}{24}\frac{b^3}{a^2} + \frac{1}{24}\frac{b^5}{a^4},$$

$$B_4 = -\left(\frac{1}{2.3.4.5.6.7}b + \frac{23}{5760}\frac{b^3}{a^2} + \frac{7}{384}\frac{b^5}{a^4} + \frac{169}{9216}\frac{b^7}{a^6}\right).$$

19. Au moyen de ces formules, on pourra déterminer z et r depuis $\varphi = 0$ jusqu'à une valeur φ_1 de φ plus ou moins grande, suivant que b sera plus petit ou plus grand, car la convergence des deux séries sera d'autant moins grande que b sera plus grand. Soit p la valeur de z correspondant à $\varphi = \varphi_1$. A partir de cette valeur de φ, développons suivant les puissances de $\zeta = z - p$. Nous avons l'équation

$$\frac{\dfrac{d^2z}{dr^2} + \dfrac{1}{r}\dfrac{dz}{dr}\left[1 + \left(\dfrac{dz}{dr}\right)^2\right]}{\left[1 + \left(\dfrac{dz}{dr}\right)^2\right]^{\frac{3}{2}}} = \frac{z - h}{a^2},$$

et, si nous prenons r pour la variable indépendante, nous ferons

$$\frac{d^2z}{dr^2} = \frac{-\dfrac{d^2r}{dz^2}}{\left(\dfrac{dr}{dz}\right)^3};$$

en faisant, de plus,

$$H = -h + p = \frac{2a^2}{b} + p,$$

l'équation différentielle deviendra

$$-\frac{d^2r}{d\zeta^2} + \frac{1}{r}\left(\frac{dr}{d\zeta}\right)^2 + \frac{1}{r} = \frac{1}{a^2}(\zeta + H)\left[1 + \left(\frac{dr}{d\zeta}\right)^2\right]^{\frac{3}{2}}.$$

Posons

(B) $$\frac{r}{c} = 1 + m_1\zeta + m_2\zeta^2 + m_3\zeta^3 + m_4\zeta^4 + \ldots,$$

et nous trouverons, après avoir posé $f^2 = 1 + c^2m_1^2$,

$$cm_1 = \cot\varphi_1, \quad f^2 = \frac{1}{\sin^2\varphi_1},$$

$$cm_2 = \frac{f^2}{2c} - \frac{1}{2a^2}Hf^3,$$

$$cm_3 = -\frac{f^2m_1}{6c} + \frac{2}{3}cm_1m_2 - \frac{1}{6a^2}f^3 - \frac{1}{a^2}Hm_1m_2c^2f,$$

$$cm_4 = \frac{(m_1^2 - m_2)f^2}{12c} - \frac{1}{3}m_1^2m_2c + \frac{1}{3}cm_2^2 - \frac{1}{2}cm_1m_3$$
$$- \frac{c^2H}{2a^2}\left[\frac{m_1^2}{f}(2f^2 - 1) - \frac{3}{2}m_1m_2f\right] - \frac{1}{2a^2}c^2fm_1m_2.$$

Les coefficients de la formule (B) deviennent beaucoup plus faciles à calculer si on l'applique à partir du plus grand rayon de la goutte; on aura alors $cm_1 = 0$ et l'on obtiendra pour les autres coefficients

$$(C)\quad\left\{\begin{aligned} m_2 c &= \frac{1}{2c} - \frac{H}{2a^2}, \quad m_3 c = -\frac{1}{6a^2},\\ m_4 c &= \frac{1}{24c^3} - \frac{H}{4a^2c^2} + \frac{H^2}{3a^4c} - \frac{H^3}{8a^6},\\ m_5 c &= -\frac{7}{60}\frac{1}{a^2c^3} + \frac{11}{42}\frac{H}{a^4c} - \frac{3}{20}\frac{H^2}{a^6}.\end{aligned}\right.$$

20. *Premier exemple* (*fig.* 32). — Supposons que l'angle aigu de raccordement du mercure avec le verre sur lequel il repose soit de 42°30′ et adoptons pour a^2 la valeur

$$a^2 = 3,263.$$

Prenons d'abord pour le rayon de courbure au sommet de la goutte $b = 1^{mm}$. En prenant le millimètre pour unité, on obtient, si l'on applique les formules (A),

$$z = 0,5\varphi^2 - 0,0704\varphi^4 + 0,0090\varphi^6 - 0,00142\varphi^8,$$
$$r = \varphi - 0,2050\varphi^3 + 0,0250\varphi^5 - 0,00366\varphi^7.$$

Pour $\varphi = \frac{\pi}{2}$, on trouve

$$z = 0,91, \quad r = 0,95.$$

Appliquons ensuite la formule (B), en partant du rayon maximum qui vient d'être calculé et en nous servant, par conséquent, des expressions (C). Nous ferons $H = 0,91 + 2a^2 = 7,44$, et nous aurons

$$r = 0,95 - 0,614\zeta^2 - 0,051\zeta^3 - 0,246\zeta^4 - 0.077\zeta^5,$$
$$\frac{dr}{d\zeta} = -1,228\zeta - 0,153\zeta^2 - 0,984\zeta^3 - 0,385\zeta^4,$$

et, pour $\zeta = 0,5$,

$$r = 0,79, \quad \frac{dr}{d\zeta} = -0,80.$$

A partir du point correspondant à ces dernières valeurs, appliquons la formule (B); nous aurons d'abord

$$q = 0{,}79, \quad cm_1 = -0{,}80, \quad H = 7{,}94, \quad f^2 = 1{,}64;$$

puis

$$r = 0{,}79 - 0{,}80\zeta - 1{,}517\zeta^2 - 2{,}514\zeta^3,$$

$$\frac{dr}{d\zeta} = -0{,}80 - 3{,}034 - 7{,}542\zeta^2,$$

et, pour $\zeta = 0{,}08$, on a

$$r = 0{,}72, \quad \frac{dr}{d\zeta} = -1{,}09, \quad \pi - \varphi = 42^\circ 30'.$$

Ainsi la goutte de mercure a $1^{mm},49$ de hauteur; le rayon de son équateur est 0,95 et le rayon de base est 0,72.

Le volume V de la goutte est

$$V = \pi l^2\left(q + \frac{2a^2}{b}\right) - 2\pi l a^2 \sin i;$$

en faisant $l = 0{,}72$, $q = 1{,}49$, $b = 1$, et prenant 13,6 pour la densité du mercure, on obtient pour le poids de la goutte

$$0^{gr},041.$$

21. *Deuxième exemple* (*fig.* 33). — Prenons ensuite pour le rayon de courbure au sommet de la goutte $b = 1^{mm},38$. En appliquant les formules (A), nous aurons

$$z = 0{,}69\varphi^2 - 0{,}132\varphi^4 + 0{,}0294\varphi^6 - 0{,}008501\varphi^8,$$

$$r = 1{,}38\varphi - 0{,}331\varphi^3 + 0{,}0645\varphi^5 - 0{,}01682\varphi^7;$$

au moyen de ces formules, on obtient

pour $\varphi = 30^\circ$,	$z = 0{,}1801$,	$r = 0{,}677$;
$\varphi = 58^\circ$,	$z = 0{,}593$,	$r = 1{,}108$;
$\varphi = 75^\circ$,	$z = 0{,}90$,	$r = 1{,}25$;
$\varphi = 90^\circ$,	$z = 1{,}23$,	$r = 1{,}31$.

Les deux séries ne sont pas assez convergentes pour $\varphi = \frac{\pi}{2}$, pour que l'on soit sûr du dernier résultat obtenu; mais nous le vérifierons.

En appliquant les formules (B) et (C), nous aurons

$$r = 1,31 - 0,531\zeta^2 - 0,0511\zeta^3 - 0,159\zeta^4 - 0,056\zeta^5,$$

et, pour vérifier cette formule, essayons de retrouver le point corres pondant à $\varphi = 75°$; pour cela, faisons $\zeta = -0,33$, et nous aurons effectivement $r = 1,25$.

Fig. 33. — Échelle 20.

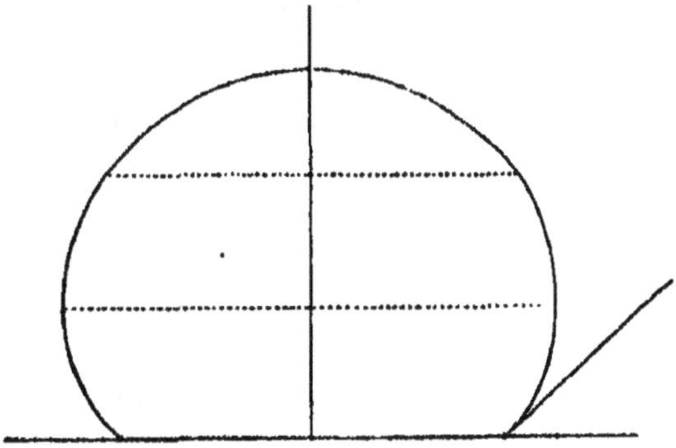

Fig. 32. — Échelle 20.

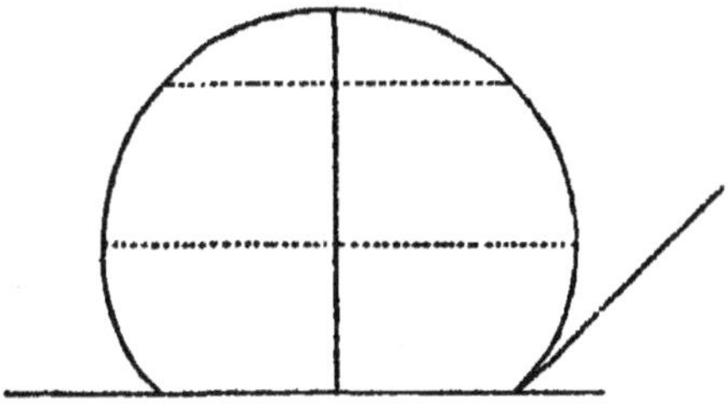

Fig. 34. — Échelle 20.

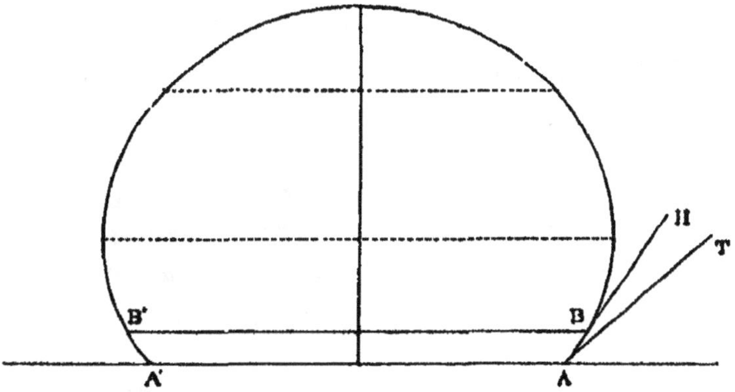

Faisons dans cette formule et dans sa dérivée $\zeta = 0,5$, nous aurons

$$r = 1,154, \quad \frac{dr}{d\zeta} = 0,67.$$

Appliquons la formule (B) à partir de ce dernier point; nous aurons

$$r = 1,154 - 0.67\zeta - 1,089\zeta^2 - 1,257\zeta^3 - 0,249\zeta^4.$$

Pour $\zeta = 0,15$, nous aurons

$$r = 1,02, \quad \frac{dr}{d\zeta} = -1,08, \quad \pi - \varphi = 42^\circ 30'.$$

Cette goutte de mercure a donc une hauteur $q = 1^{mm},88$, un rayon de base $l = 1,02$ et un rayon de l'équateur égal à $1,31$. On trouve pour son poids $0^{gr},102$.

22. *Troisième exemple* (*fig.* 34). — Prenons $b = 2^{mm}$. En appliquant les formules (A), nous aurons

$$z = \varphi^2 - 0,3132\,\varphi^4 + 0,1412\,\varphi^6 - 0,0830\,\varphi^8,$$
$$r = 2\varphi - 0,6398\,\varphi^3 + 0,2440\,\varphi^5 - 0,0832\,\varphi^7.$$

Pour $\varphi = \frac{\pi}{4}$, on a

$$z = 0,519, \quad r = 1,318.$$

Appliquons ensuite la formule (B), nous aurons

$$r = 1,318 + \zeta - 0,880\,\zeta^2 + 0,661\,\zeta^3;$$

et, pour $\zeta = 0,5$, nous obtiendrons

$$r = 1,61, \quad \frac{dr}{d\zeta} = 0,41, \quad \varphi = 67^\circ,30'.$$

Appliquons de nouveau la formule (B), nous aurons

$$r = 1,61 + 0,41\zeta - 0,467\,\zeta^2 + 0,0968\,\zeta^3;$$

d'après cette formule, on voit que r est maximum pour $\zeta = 0,51$, et l'on obtient, pour la valeur de r correspondante, $1,71$.

La formule (B), appliquée à partir de l'équateur, donne

$$(a) \qquad r = 1,71 - 0,441\,\zeta^2 - 0,0511\,\zeta^3 - 0,083\,\zeta^4 - 0,039\,\zeta^5.$$

Pour $\zeta = 0,78$, on a $r = 1,38$, et l'inclinaison de la tangente sur l'horizon est $42^\circ 30'$. La base est représentée sur la *fig.* 34 par AA', et la tangente au méridien en A par AT.

Ainsi la goutte de mercure a la hauteur $q = 2^{mm},31$, le rayon de base $l = 1,38$ et le rayon de l'équateur égal à $1,71$. On trouve pour son poids $0^{gr},193$.

Les deux premiers exemples s'accordent assez bien avec des expériences de Gay-Lussac; mais il n'en est pas de même du troisième exemple. Pour se rapprocher le plus possible dans le dernier cas des résultats obtenus par ce physicien, il faudra supposer, à l'angle de raccordement du mercure avec le verre, la valeur de 55° qu'il ne peut guère dépasser. On trouve alors que, pour avoir le rayon de base, il faut faire dans (a) $\zeta = 0,6$; on a ainsi

$$l = 1,52, \quad y = 2,13,$$

et l'on a, pour le poids de la goutte, $0^{gr},185$. Sa base est alors représentée, sur la *fig.* 34, par BB' et la tangente au méridien en B par BH.

23. Gay-Lussac, après avoir déterminé les poids de plusieurs gouttes, en a cherché expérimentalement les hauteurs; voici les résultats qu'il a obtenus (Poisson, *Nouvelle théorie de l'action capillaire*, n° **109**) :

Poids en grammes.	Hauteur en millimètres.
6,013	3,34
3,370	3,29
2,865	3,25
2,147	3,20
1,187	2,95
0,813	2,80
0,667	2,71
0,307	2,32
0,233	2,19
0,095	1,78
0,059	1,60
0,031	1,38

Il faut remarquer que, la hauteur d'une goutte de mercure étant donnée, on n'en peut pas conclure sa masse, même approximativement, car cette masse sera très différente suivant l'angle de raccordement qu'elle fera avec le plan sur lequel elle repose, angle qu'il est très difficile de maintenir constant. Au contraire, si l'on se donnait le plus grand rayon de la goutte, sa masse serait à très peu près déterminée, car elle ne varierait que peu avec l'angle de raccordement.

Suivant les expériences d'Édouard Desains, quand on laisse une goutte de mercure sur un plan de verre, on reconnait que la goutte s'affaisse peu à peu et que son épaisseur diminue notablement. En outre, le mercure perd sa fluidité à tel point, qu'il conserve les empreintes qu'on y fait, se comportant alors en quelque sorte comme du beurre. En agitant le mercure, on lui fait reprendre sa fluidité; mais la goutte ne reprend pas tout à fait la même épaisseur qu'à l'état primitif. Ainsi, il est nécessaire, dans ces expériences, de prendre du mercure parfaitement pur et de mesurer chaque goutte aussitôt qu'elle a été posée sur un plan de verre.

Calcul des dimensions d'une goutte moyenne de mercure.

24. Les calculs employés dans les exemples précédents deviendraient fort pénibles pour des valeurs de b plus grandes que 2^{mm}, et il sera utile de les modifier.

Menons une ellipse tangente au sommet du méridien de la goutte et ayant le même axe de symétrie. Prenons toujours pour axe des r la tangente au sommet et pour axe des z l'axe de symétrie. Désignons par α et β les demi-axes de l'ellipse et par φ l'angle de la tangente à l'ellipse avec l'axe des r. Les coordonnées r et z de cette ellipse seront données par les deux équations

$$(1) \qquad r = \frac{\alpha^2 \sin\varphi}{\sqrt{\beta^2\cos^2\varphi + \alpha^2\sin^2\varphi}}, \qquad z = \beta - \frac{\beta^2\cos\varphi}{\sqrt{\beta^2\cos^2\varphi + \alpha^2\sin^2\varphi}}.$$

En développant les expressions de r et z suivant les puissances de φ, on trouve

$$r = \frac{\alpha^2}{\beta}\varphi - \left(\frac{1}{2}\frac{\alpha^4}{\beta^3} - \frac{1}{3}\frac{\alpha^2}{\beta}\right)\varphi^3 + \ldots,$$

$$z = \frac{\alpha^2}{2\beta}\varphi^2 - \frac{9\alpha^4 - 8\alpha^2\beta^2}{24\beta^3}\varphi^4 + \ldots.$$

D'autre part, les coordonnées r et z du méridien de la goutte sont exprimées par les formules du n° **18** :

$$r = b\varphi - \left(\frac{b}{6} + \frac{1}{8}\frac{b^3}{a^2}\right)\varphi^3 + \ldots,$$

$$z = \frac{b}{2}\varphi^2 - \left(\frac{b}{24} + \frac{3}{32}\frac{b^3}{a^2}\right)\varphi^4 + \ldots.$$

En identifiant les deux coordonnées r ou les deux coordonnées z dans leurs deux premiers termes, on obtient

$$(2)\qquad \beta = \frac{b}{1+\frac{1}{4}\frac{b^2}{a^2}}, \quad \alpha^2 = \frac{b^2}{1+\frac{1}{4}\frac{b}{a^2}}.$$

On peut adopter pour méridien de la goutte l'ellipse, dont on vient de calculer les demi-axes, depuis $\varphi = 0$ jusqu'à une valeur plus ou moins grande de φ suivant la valeur de b. J'ai vérifié que, lorsque $b = 4$, en prenant l'arc d'ellipse jusqu'à $\frac{\pi}{4}$, l'erreur commise sur r et z aux extrémités de cet arc ne dépasse pas $\frac{1}{100}$ de millimètre. Quand b sera plus petit que 4, l'emploi du même arc d'ellipse donnera des résultats encore plus exacts.

25. Calculons la forme d'une goutte de mercure quand le rayon de

Fig. 35. — Échelle 20.

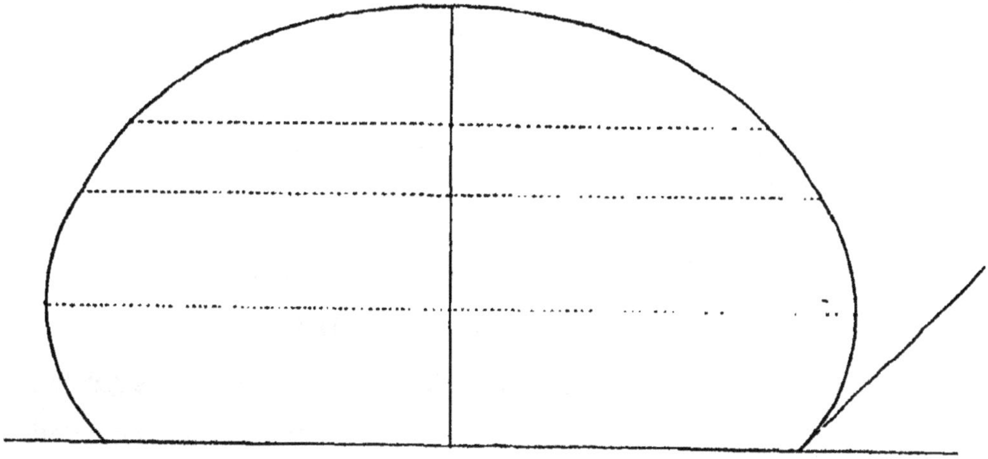

courbure b du sommet est égal à 4^{mm} (*fig.* 35). On déduit d'abord des formules (2)

$$\alpha = 2,681, \quad \beta = 1,797,$$

et, pour $\varphi = 45°$, les formules (1) donnent

$$r = 2,227, \quad z = 0,796.$$

En développant r par rapport à ζ à partir de ce point, on a (n° 19)

$$r = 2,227 + \zeta - 0,603\,\zeta^2 + 0,242\,\zeta^3,$$

$$\cot\varphi = \frac{dr}{d\zeta} = 1 - 1,206\,\zeta + 0,726\,\zeta^2.$$

φ est, d'après la dernière formule, égal à 60° pour $\zeta = 0,44$, et l'on a alors

$$(3)\qquad z = 0,796 + 0,44 = 1,236, \quad r = 2,566.$$

[En faisant $\varphi = 60°$ dans les formules (1), on aurait $z = 1,149$, $r = 2,500$].

En développant r à partir de ce point, on a

$$r = 2,566 + 0,577\,\zeta - 0,416\,\zeta^2 + 0,084\,\zeta^3$$

et, pour $\zeta = 0,5$, on a

$$r = 2,760, \quad \frac{dr}{d\zeta} = 0,214.$$

On a ensuite

$$r = 2,760 + 0,214\,\zeta - 0,363\,\zeta^2 + 0,003\,\zeta^3,$$

et $\frac{dr}{d\zeta}$ est nul pour $\zeta = 0,296$.

Ainsi l'on a, pour le rayon du plus grand cercle et pour sa distance au sommet,

$$r = 2,791, \quad z = 2,032.$$

Enfin, en développant r à partir de ce cercle, on a

$$r = 2,791 - 0,382\,\zeta^2 - 0,051\,\zeta^3 - 0,063\,\zeta^4 - 0,029\,\zeta^5.$$

L'inclinaison de la tangente sur le plan de la base est égal à 42° 30', lorsque $\frac{dr}{d\zeta}$ est égal à $-\cot 42°30' = -1,091$, et cette dérivée prend cette valeur pour $\zeta = 0,88$; on en conclut ensuite $r = 2,412$.

Ainsi le rayon de courbure b de la goutte au sommet, sa hauteur q, le rayon l de sa base et son plus grand rayon c ont ces valeurs

$$b = 4, \quad q = 2,912, \quad l = 2,412, \quad c = 2,791,$$

et l'on déduit pour son poids $0^{gr},675$.

26. Lorsque le plus grand rayon de la goutte ira en croissant, la convergence de la série

$$r = c + cm_2\zeta^2 + cm_3\zeta^3 + cm_4\zeta^4 + \ldots,$$

appliquée au-dessous de l'équateur, ira en augmentant par une raison que nous donnerons plus loin. Ainsi, lorsque le rayon de courbure b sera > 4 ou que le rayon de l'équateur sera $> 2,791$, après avoir calculé le méridien depuis le sommet jusqu'à ce cercle, on pourra facilement achever de déterminer le reste du méridien jusqu'à la base de la goutte. Mais, pour déterminer la partie supérieure de la goutte, on emploiera une des méthodes par quadrature, que nous exposerons plus loin dans la recherche de la dépression capillaire dans le baromètre.

27. On pourrait faire croître le rayon b du sommet de la goutte par intervalles très rapprochés et calculer, d'après les méthodes précédentes, pour chaque goutte correspondante le plus grand rayon, le rayon l de la base, la hauteur q de la goutte et enfin son poids, en supposant connu l'angle de raccordement du mercure avec le plan de la base. Alors réciproquement, étant donné un quelconque de ces éléments de la goutte, on en pourra déduire les autres.

D'après les expériences de M. Quincke, non seulement l'angle de raccordement varierait d'une goutte à une autre, mais, le mercure n'étant pas un fluide parfait, cet angle serait loin d'être constant sur tout le contour de la base d'une même goutte. S'il en est ainsi, les calculs précédents pourraient servir à déterminer la valeur moyenne de cet angle sur la base.

En effet, supposons qu'on ait déterminé par l'expérience le poids d'une goutte et son plus grand rayon. D'après ce que nous venons de dire, nous pourrons, de ce plus grand rayon, conclure le rayon de courbure b du sommet. On connaîtra ensuite la forme du méridien de la goutte et, sachant son poids, on calculera le point où le méridien s'arrête sur la base et l'angle i de raccordement du mercure avec cette base. Si cet angle n'est pas constant le long du contour de la base, cette valeur théorique de i pourra être prise pour la valeur moyenne de cet angle.

Figure d'une bulle d'air.

28. La figure d'une bulle d'air qui se trouve sous un plan horizontal à l'intérieur d'un liquide qui mouille ce plan peut être obtenue par les mêmes calculs que la figure d'une goutte de liquide qui ne mouille pas le plan sur lequel elle est placée.

En effet, mettons l'origine des coordonnées au sommet de la bulle et menons l'axe des z vertical de bas en haut (*fig.* 36). Nous aurons,

Fig. 36.

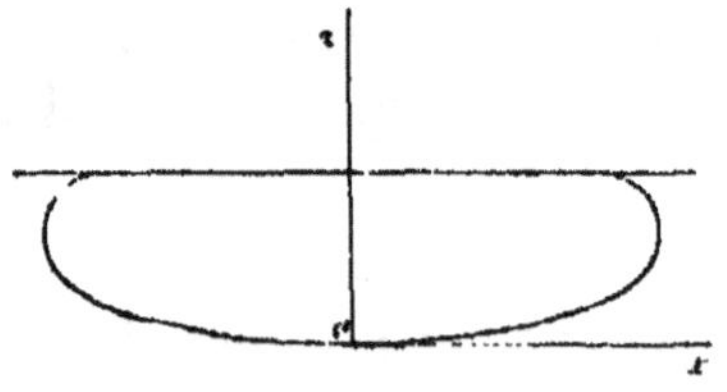

pour l'équation de la surface concave du liquide qui limite la bulle,

$$z = a^2\left(\frac{1}{R} + \frac{1}{R_1}\right) - \frac{2a^2}{b},$$

a^2 étant la constante capillaire du liquide et b le rayon de courbure au sommet o. Cette équation est entièrement semblable à celle que nous avons trouvée au n° **10** pour une goutte de mercure.

Supposons qu'on ait déterminé par l'expérience l'angle de raccordement du bord de la bulle avec le plan, angle qui sera en général très petit ou nul. Alors, si la bulle est grande, on pourra y appliquer les formules des n^{os} **10, 11** et **12.** Si la bulle est petite, on pourra y appliquer les formules (A) du n° **18.**

Influence de la capillarité sur le baromètre.

29. Supposons que le baromètre soit formé d'un tube cylindrique droit vertical, d'un assez grand rayon, fermé à son extrémité supérieure et plongeant dans une très large cuvette de mercure. Désignons par l le rayon du tube et par q la hauteur ou flèche du ménisque. Nous avons (n° 10), pour l'équation de la surface du liquide,

$$\left(z + \frac{2a^2}{b}\right)^2 = 4a^2 \sin^2\frac{\varphi}{2} + \frac{8a^3}{3}\,\frac{1 - \cos^3\frac{\varphi}{2}}{l + x}\left(1 - \frac{a}{l + x}\cos\frac{\varphi}{2}\right),$$

en comptant z de haut en bas à partir du sommet.

Désignons par i l'angle aigu de raccordement; nous aurons, sur le contour de cette surface, $x = 0$, $\varphi = \frac{\pi}{2} - i$, $z = q$, et nous déduisons de cette formule, pour la flèche du ménisque,

$$q = -\frac{2a^2}{b} + \sqrt{4a^2\sin^2\left(\frac{\pi}{4} - \frac{i}{2}\right) + \frac{8a^3}{3l}\left[1 - \cos^3\left(\frac{\pi}{4} - \frac{i}{2}\right)\right]\left[\left(1 - \frac{a}{l}\cos\left(\frac{\pi}{4} - \frac{i}{2}\right)\right)\right]}.$$

La dépression du sommet provenant de la capillarité est (Chap. II, n° 14)

$$h = \frac{2a^2}{b},$$

et il reste à déterminer le rayon de courbure b du sommet du ménisque. Pour l'obtenir, il suffit de reprendre le calcul qui donne cette quantité au sommet d'une goutte de mercure. On a approximativement (n° 11)

$$\frac{r}{a} = 2\cos\frac{\varphi}{2} + \log\operatorname{tang}\frac{\varphi}{4} + \text{const.}$$

Pour $\varphi = \frac{\pi}{2} - i$, on a $r = l$, donc

$$\text{const.} = \frac{l}{a} - 2\cos\left(\frac{\pi}{4} - \frac{i}{2}\right) - \log\operatorname{tang}\left(\frac{\pi}{8} - \frac{i}{4}\right);$$

ainsi l'on a

$$\log\operatorname{tang}\frac{\varphi}{4} = \frac{r}{a} - 2\cos\frac{\varphi}{2} - \frac{l}{a} + 2\cos\left(\frac{\pi}{4} - \frac{i}{2}\right) + \log\operatorname{tang}\left(\frac{\pi}{8} - \frac{i}{4}\right),$$

$$(a) \qquad \operatorname{tang}\frac{\varphi}{4} = \operatorname{tang}\left(\frac{\pi}{8} - \frac{i}{4}\right) e^{-\frac{l}{a} + 2\cos\left(\frac{\pi}{4} - \frac{i}{2}\right) - 2\cos\frac{\varphi}{2}}\, e^{\frac{r}{a}};$$

et, en supposant φ très petit, on obtient

$$\operatorname{tang}\varphi = \frac{dz}{dr} = 4\operatorname{tang}\left(\frac{\pi}{8} - \frac{i}{4}\right) e^{-\frac{l}{a} - 4\sin^2\left(\frac{\pi}{8} - \frac{i}{4}\right)}\, e^{\frac{r}{a}};$$

mais, en différentiant l'expression (m) de z du n° 11 et négligeant des termes très petits par rapport à celui que l'on conserve, on a aussi

$$\frac{dz}{dr} = \frac{\sqrt{2}\,a^{\frac{3}{2}}}{b\sqrt{\pi}}\,\frac{1}{\sqrt{r}}\,e^{\frac{r}{a}}.$$

Ces deux expressions de $\frac{dz}{dr}$ doivent être égales pour une valeur de r moindre que l, mais peu différente de l; on ne commettra qu'une très petite erreur en faisant $r = l$ dans les deux expressions et en les égalant; on obtient ainsi

$$\frac{1}{b} = 2\sqrt{2}\,a^{-\frac{3}{2}}\sqrt{\pi l}\,\operatorname{tang}\left(\frac{\pi}{8} - \frac{i}{4}\right)e^{-\frac{l}{a} - 4\sin^2\left(\frac{\pi}{8} - \frac{i}{4}\right)}.$$

Cette valeur de $\frac{1}{b}$ est plus exacte que la semblable obtenue (n° 11) pour une goutte de mercure posée sur un plan.

En effet, soit N'AN la figure d'une telle goutte et soit B'AB (*fig.* 37)

Fig. 37.

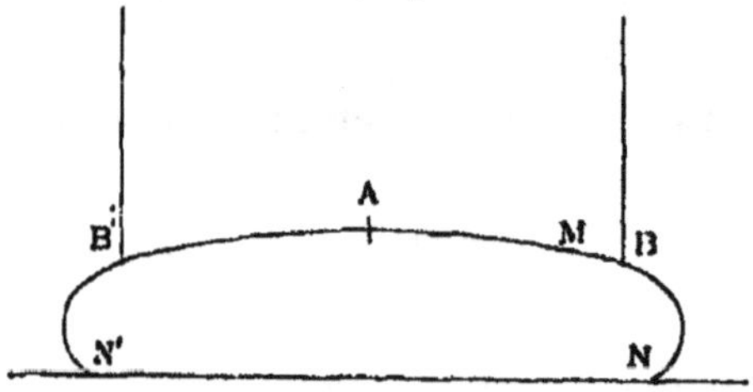

la portion de sa surface qui formerait la surface barométrique, en sorte que l'angle du plan tangent avec la verticale est égal à i au point B. On peut obtenir un point M assez voisin de B et où la tangente est sensiblement horizontale, et la formule (a) n'a besoin d'être admise que de B en M. Au contraire, pour la goutte, la semblable formule doit être admise depuis N jusqu'en M.

D'après ce qui précède, on a pour la dépression barométrique

$$(b) \qquad h = 4\sqrt{2}\,a^{\frac{1}{2}}\sqrt{\pi l}\,\operatorname{tang}\left(\frac{\pi}{8} - \frac{i}{4}\right)e^{-\frac{l}{a} - 4\sin^2\left(\frac{\pi}{8} - \frac{i}{4}\right)};$$

c'est la quantité dont il faudra augmenter les indications du baromètre.

30. Supposons qu'on remplace le tube barométrique par un tube vertical ouvert à ses deux extrémités et plongeant dans la même cuvette de mercure. La quantité $\frac{2a^2}{b}$ représentera l'abaissement du sommet de la colonne au-dessous du niveau dans la cuvette et, q étant la flèche du ménisque, la quantité $q + \frac{2a^2}{b}$ ou le radical

$$\sqrt{4a^2\sin^2\left(\frac{\pi}{4}-\frac{i}{2}\right)+\frac{8a^3}{3l}\left[1-\cos^3\left(\frac{\pi}{4}-\frac{i}{2}\right)\right]\left[1-\frac{a}{l}\cos\left(\frac{\pi}{4}-\frac{i}{2}\right)\right]}$$

représentera la distance du contour du ménisque au plan de niveau.

Supposons que le même tube ouvert soit plongé dans un liquide qui le mouille. Pour avoir l'élévation du contour du ménisque alors concave au-dessus du niveau extérieur, il faudra faire $i = \pi$ dans l'expression du radical précédent, et l'on aura pour cette élévation

$$k = \sqrt{2a^2 + \frac{8a^3}{3l}\left(1-\frac{\sqrt{2}}{4}\right)\left(1-\frac{\sqrt{2}}{2}\frac{a}{l}\right)}.$$

Soit B (*fig.* 38) le sommet du ménisque, CA la hauteur k du bord du

Fig. 38.

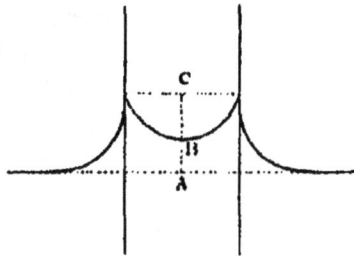

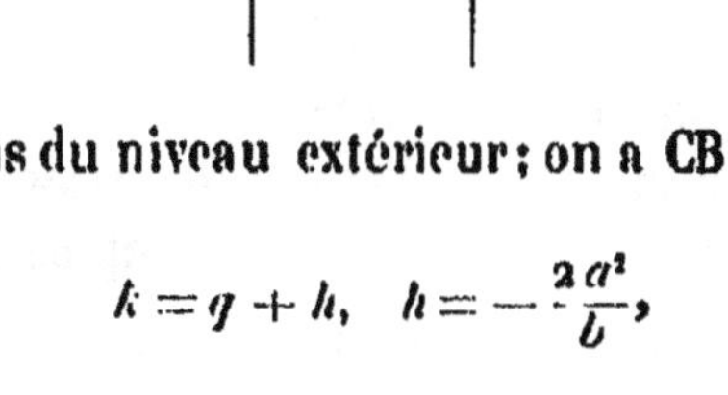

ménisque au-dessus du niveau extérieur; on a CB $= q$, BA $= h$; donc

$$k = q + h, \quad h = -\frac{2a^2}{b},$$

b étant négatif et donné par la formule

$$\frac{1}{b} = -2\sqrt{2}a^{-\frac{3}{2}}\sqrt{\pi l}\,\mathrm{tang}\frac{\pi}{8}\,e^{-\frac{l}{a}-4\sin^2\frac{\pi}{8}};$$

ainsi l'on aura pour la hauteur du ménisque

$$q = \frac{2a^2}{b} + \sqrt{2a^2 + \frac{8a^4}{3l}\left(1 - \frac{\sqrt{2}}{4}\right)\left(1 - \frac{a\sqrt{2}}{2l}\right)},$$

dont le premier terme est négatif, comme ci-dessus.

Le volume de liquide soulevé dans le tube par la capillarité est (Chap. II, n° 3) $2\pi r a^2$, plus généralement

$$2\pi r a^2 \cos i',$$

si l'on suppose que l'angle aigu i' de raccordement ne soit pas nul; menons le plan tangent en B, le cylindre renfermé entre le plan tangent et le niveau est $\pi r^2 h$; donc le ménisque a pour volume

$$2\pi r a^2 \cos i' - \pi r^2 h,$$

h étant donné par la formule (b) changée de signe, où l'on fait

$$i = \pi - i',$$

ou par la formule

$$h = 4\sqrt{2}a^{\frac{1}{2}}\sqrt{\pi l}\,\text{tang}\left(\frac{\pi}{8} - \frac{i'}{4}\right)e^{-\frac{l}{a} - 4\sin^2\left(\frac{\pi}{8} - \frac{i'}{4}\right)}.$$

31. Ce qui précède suppose que le tube est très large. Si l'on veut trouver la dépression du mercure due à la capillarité dans un tube d'un très petit rayon, on pourra appliquer la formule du n° **14** du Chapitre II. Mais on obtiendra une approximation plus grande en se servant des calculs des n^{os} **18** et **19** du Chapitre actuel. Pour une valeur du rayon de courbure b au sommet, on pourra calculer les rayons du tube qui correspondent à un angle donné de raccordement; par suite aussi, étant donnés ces rayons, on en conclura b ou la dépression h.

Supposons, par exemple, que l'angle de raccordement du mercure avec le tube soit égal à 45°. Les quatre exemples calculés aux n^{os} **20**, **21**, **22** et **24** donneront, en y faisant $\varphi = \frac{\pi}{2} - 45° = 45°$,

1° $b = 1$, $r = 0,694$, $z = 0,284$, $h = 2a^2 = 6,526$;

2° $b = 1,38$, $r = 0,940$, $z = 0,382$, $h = \frac{2a^2}{1,38} = 4,728$;

3°	$b=2$,	$r=1,318$,	$z=0,519$,	$h=a^2$	$=3,263$;
4°	$b=4$,	$r=2,227$,	$z=0,796$,	$h=\frac{a^2}{2}$	$=1,631$.

La seconde colonne verticale donne le rayon du tube, la troisième la hauteur du ménisque et la quatrième la dépression du mercure.

Remarquons que les formules (A) et (B) des n°s 18 et 19 pourront servir également à calculer la figure du ménisque d'un liquide dans un tube capillaire qu'il mouille.

Quand le rayon du tube n'est ni très petit ni supérieur à 10^{mm}, on forme alors une Table des dépressions au moyen de quadratures.

Méthodes par quadrature pour former une Table de la dépression barométrique due à la capillarité.

32. Il s'agit de former une Table qui fournisse la dépression barométrique, provenant de la capillarité, pour des valeurs successives du rayon du tube.

Première méthode. — Laplace a indiqué une méthode par quadrature pour déterminer la surface du ménisque mercuriel (*Connaissance des Temps*, 1812). Pour trouver le rayon du tube correspondant à une dépression donnée H, il prend d'abord pour le rayon de courbure au sommet $b=\frac{2a^2}{H}$. Il divise le méridien de la surface en parties dont les extrémités correspondent à des valeurs de l'angle φ distantes de 4° et il remplace ces arcs par des arcs de cercle de même amplitude et dont chacun continue le précédent suivant la même tangente.

D'abord, le premier arc de cercle qui commence au sommet est immédiatement déterminé, puisque son rayon est b; si donc on désigne par φ_1 la valeur de φ relative à son autre extrémité et qu'on mette l'origine des coordonnées au sommet, l'axe des z vertical et l'axe des r horizontal, on aura pour les coordonnées de cette extrémité

$$r_1=b\sin\varphi_1,\quad z_1=2b\sin^2\frac{\varphi_1}{2}.$$

Calculons le rayon de courbure du méridien correspondant à ce point.

R_1 étant ce rayon de courbure et R' étant la longueur de la normale en ce point terminée à l'axe, nous avons

$$a^2\left(\frac{1}{R_1}+\frac{1}{R'}\right)=z_1+\frac{2a^2}{b}$$

ou

$$\frac{1}{R_1}=\frac{2}{b}+\frac{1}{a^2}z_1-\frac{1}{r_1}\sin\varphi_1.$$

Menons un arc de cercle dont le rayon soit R_1, qui passe par le point (r_1, z_1) et qui soit le prolongement du précédent; nous aurons pour les coordonnées des points de cet arc

$$r=h+R_1\sin\varphi,\quad z=k-R_1\cos\varphi,$$

h, k étant deux constantes; désignons par (r_2, z_2) la seconde extrémité de cet arc qui correspond à $\varphi=\varphi_2$, nous aurons

$$r_2-r_1=R_1\sin\varphi_2-R_1\sin\varphi_1=2R_1\sin\frac{\varphi_2-\varphi_1}{2}\cos\frac{\varphi_2+\varphi_1}{2},$$

$$z_2-z_1=R_1\cos\varphi_1-R_1\cos\varphi_2=2R_1\sin\frac{\varphi_2-\varphi_1}{2}\sin\frac{\varphi_2+\varphi_1}{2},$$

formules qui déterminent r_2, z_2. On calculera ensuite le rayon de courbure R_2 en ce point par la formule

$$\frac{1}{R_2}=\frac{2}{b}+\frac{1}{a^2}z_2-\frac{1}{r_2}\sin\varphi_2,$$

puis on déterminera un troisième arc de cercle, et ainsi de suite, jusqu'à ce qu'on arrive à la valeur de φ qui est égale au complément de l'angle de la surface du mercure avec le tube. La valeur de r correspondante sera le rayon du tube pour la dépression supposée.

Quand la dépression est moindre que $0^{mm},8$, le rayon de courbure b au sommet de la goutte devient trop grand pour qu'un arc de 4° vers le sommet puisse être remplacé par un arc de cercle. On a donc été obligé, dans cette partie de la courbe, de faire croître l'angle φ de quantités plus petites.

Dans cette méthode, on remplace les arcs du méridien de la goutte par des arcs de cercles osculateurs, qu'on transporte parallèlement bout à bout, et l'on suppose ainsi que le rayon de courbure est constant tout le long d'un arc, tandis qu'il va en diminuant. Il en résulte que les valeurs que l'on calcule successivement pour les abscisses r_1, r_2, r_3, ... sont trop grandes et que les valeurs obtenues pour z_1, z_2, z_3, ... sont trop petites; l'erreur commise sur chaque arc a donc lieu dans le même sens. A la vérité, après avoir calculé un des arcs de cercle et le rayon de courbure à la seconde extrémité, on peut, comme l'a fait Bravais, revenir sur le calcul de cet arc, en prenant pour son rayon la demi-somme des rayons de courbure obtenus à ses extrémités. Mais on obtiendra des résultats beaucoup plus exacts si l'on conserve les mêmes divisions du méridien ou beaucoup plus rapides si l'on prend des divisions plus grandes, en adoptant des arcs d'ellipse au lieu d'arcs de cercle. C'est surtout vers le sommet du ménisque que cette méthode sera avantageuse.

33. *Seconde méthode.* — Divisons donc le méridien du ménisque en parties correspondant à des accroissements successifs de l'angle φ et assez petites pour être assimilées à des arcs d'ellipse.

Nous prendrons d'abord un arc de l'ellipse osculatrice au sommet; les coordonnées r, z de chaque point de cet arc ont pour valeurs

$$(\text{A}) \qquad r = \frac{\alpha^2 \sin\varphi}{\sqrt{\beta^2\cos^2\varphi + \alpha^2\sin^2\varphi}}, \qquad z = \beta - \frac{\beta^2\cos\varphi}{\sqrt{\beta^2\cos^2\varphi + \alpha^2\sin^2\varphi}},$$

α et β étant donnés par les formules (n° 24)

$$\beta = \frac{b}{1 + \frac{1}{4}\frac{b^2}{a^2}}, \qquad \alpha^2 = b\beta;$$

ces valeurs correspondent à une valeur déterminée de b ou, d'après ce que nous avons dit, à une valeur déterminée de la dépression. Nous prendrons un arc de cette ellipse depuis $\varphi = 0$ jusqu'à une valeur $\varphi = \varphi_1$, et nous aurons les coordonnées r_1, z_1 de l'extrémité en faisant $\varphi = \varphi_1$ dans les équations (A).

Considérons une deuxième ellipse, dont les axes ont la même direction, qui passe aussi par le point (r_1, z_1) et qui ait la même tangente que la première en ce point, et examinons comment nous devons choisir ses demi-axes α_1, β_1 pour qu'elle se rapproche le plus possible du second arc du méridien. Les coordonnées r, z de cette ellipse seront

$$(B)\qquad r = h + \frac{\alpha_1^2 \sin\varphi}{\sqrt{\beta_1^2\cos^2\varphi + \alpha_1^2\sin^2\varphi}}, \qquad z = k - \frac{\beta_1^2\cos\varphi}{\sqrt{\beta_1^2\cos^2\varphi + \alpha_1^2\sin^2\varphi}},$$

h, k étant deux constantes.

Nous avons les deux équations du n° 18

$$r\cos\varphi\, d\varphi + \sin\varphi\, dr = \left(\frac{z}{a^2} + \frac{2}{b}\right) r\, dr,$$

$$dz = dr \operatorname{tang}\varphi.$$

Remplaçons-y φ par $\varphi_1 + \psi$, nous aurons

$$r\cos(\varphi_1+\psi)\, d\psi + \sin(\varphi_1+\psi)\, dr - \left(\frac{z}{a^2} + \frac{2}{b}\right) r\, dr = 0,$$

$$(\cos\psi - \operatorname{tang}\varphi_1 \sin\psi)\, dz - (\operatorname{tang}\varphi_1 \cos\psi + \sin\psi)\, dr = 0.$$

Développons les premiers membres de ces équations par rapport aux puissances de ψ, après avoir posé

$$(C)\qquad \begin{aligned} z &= z_1 + p_1\psi + m_1\psi^2 + \ldots, \\ r &= r_1 + q_1\psi + n_1\psi^2 + \ldots, \end{aligned}$$

et nous en tirerons, en égalant à zéro les coefficients des puissances de ψ,

$$q_1 = \frac{r_1\cos\varphi_1}{r_1\left(\dfrac{z_1}{a^2} + \dfrac{2}{b}\right) - \sin\varphi_1}, \qquad p_1 = q_1 \operatorname{tang}\varphi_1,$$

$$n_1 = \frac{2q_1\cos\varphi_1 - r_1\sin\varphi_1 - \left(\dfrac{2}{b} + \dfrac{z_1}{a^2}\right) q_1^2 - \dfrac{1}{a^2} p_1 q_1 r_1}{2r_1\left(\dfrac{z_1}{a^2} + \dfrac{2}{b}\right) - 2\sin\varphi_1}.$$

Les trois quantités p_1, q_1, n_1 sont donc connues.

D'autre part, si l'on développe l'expression (B) de l'abscisse r de l'ellipse suivant les puissances de ψ, on obtient, en s'arrêtant aux termes en ψ^2, cette équation

$$r = h + \frac{\alpha_1^2 \sin\varphi_1}{G} + \frac{\alpha_1^2\beta_1^2 \cos\varphi_1}{G^3}\psi$$
$$+ \frac{\sin\varphi_1}{2G^5}\alpha_1^2\beta_1^2[2\beta_1^2\cos^2\varphi_1 - \alpha_1^2(1 + 2\cos^2\varphi_1)]\psi^2,$$

où l'on a posé

$$G^2 = \beta_1^2\cos^2\varphi_1 + \alpha_1^2\sin^2\varphi_1.$$

En identifiant cette expression à (C), on obtient ces deux équations

$$\frac{\alpha_1^2\beta_1^2\cos\varphi_1}{G^3} = q_1,$$
$$\alpha_1^2\beta_1^2\frac{\sin\varphi_1}{2G^5}[2\beta_1^2\cos^2\varphi_1 - \alpha_1^2(1 + 2\cos^2\varphi_1)] = n_1,$$

pour déterminer α_1, β_1. En divisant la seconde par la première, on trouve

$$q_1 \operatorname{tang}\varphi_1[2\beta_1^2\cos^2\varphi_1 - \alpha_1^2(1 + 2\cos^2\varphi_1)] = 2G^2 n_1$$

et

$$\beta_1^2 = \frac{2n_1\sin^2\varphi_1 + q_1\operatorname{tang}\varphi_1(1 + 2\cos^2\varphi_1)}{2\cos^2\varphi_1(q_1\operatorname{tang}\varphi_1 - n_1)}\alpha_1^2.$$

Pour abréger, désignons par M le coefficient de α_1^2 dans cette formule, et α_1^2, β_1^2 seront déterminés par ces deux expressions

$$\alpha_1^2 = \frac{q_1^2(M\cos^2\varphi_1 + \sin^2\varphi_1)^3}{M^2\cos^2\varphi_1}, \quad \beta_1^2 = M\alpha_1^2.$$

φ_2 étant la valeur de φ relative à l'extrémité du second arc, les coordonnées r_2, z_2 de ce point seront données par les formules

$$r_2 - r_1 = \frac{\alpha_1^2\sin\varphi_2}{\sqrt{\beta_1^2\cos^2\varphi_2 + \alpha_1^2\sin^2\varphi_2}} - \frac{\alpha_1^2\sin\varphi_1}{\sqrt{\beta_1^2\cos^2\varphi_1 + \alpha_1^2\sin^2\varphi_1}},$$
$$z_2 - z_1 = -\frac{\beta_1^2\cos\varphi_2}{\sqrt{\beta_1^2\cos^2\varphi_2 + \alpha_1^2\sin^2\varphi_2}} + \frac{\beta_1^2\cos\varphi_1}{\sqrt{\beta_1^2\cos^2\varphi_1 + \alpha_1^2\sin^2\varphi_1}}.$$

On calculera de même successivement les arcs d'ellipse qui peuvent remplacer les arcs en lesquels on a partagé le méridien du ménisque.

34. Bouvard a formé en 1812 une Table de la dépression dans les tubes barométriques, d'après la méthode exposée au n° **32**; il avait supposé l'angle de raccordement du mercure avec le verre des tubes égal à 43° 12'.

Éd. Desains, en discutant les expériences faites par Danger sur des tubes barométriques de différents rayons, a trouvé que l'angle de raccordement du mercure avec ces tubes a été très sensiblement constant et égal à 37° 52' (*Annales de Chimie et de Physique*, 3e série, t. LI).

Suivant un Mémoire de Bravais, antérieur à celui de Desains, l'angle i de raccordement du mercure avec le verre dans le vide barométrique serait en général plus grand que dans l'air, et l'on ne doit songer à faire la correction de la dépression qu'après avoir déterminé cet angle expérimentalement pour le baromètre qu'on emploie. En se servant aussi de la méthode indiquée au n° **32**, il a formé une Table de cette dépression pour des valeurs de i comprises entre 75° et 42° et pour des rayons du tube compris entre 2^{mm} et 10^{mm} (*Annales de Chimie et de Physique*, 3e série, t. V, 1842). Nous reproduisons cette Table ci-contre.

Bravais a adopté pour la constante capillaire $a^2 = 3,264$; mais il est utile de remarquer qu'on ne peut pas admettre que l'angle de raccordement s'élève de 42° à 75°, sans que la couche superficielle du mercure s'altère beaucoup, ce qui devrait entraîner un changement sensible dans la valeur de a^2.

DÉPRESSION DE LA COLONNE BAROMÉTRIQUE

DUE A L'ACTION DE LA CAPILLARITÉ, ET EXPRIMÉE EN MILLIMÈTRES.

RAYON DU TUBE EN MILLIMÈTRES.

Angle i.	2,0	2,2	2,4	2,6	2,8	3,0	3,2	3,4	3,6	3,8
75°	0,733	0,643	0,566	0,506	0,451	0,405	0,363	0,327	0,294	0,266
72	0,869	0,763	0,677	0,604	0,539	0,483	0,434	0,390	0,351	0,317
69	1,003	0,886	0,786	0,700	0,625	0,560	0,503	0,452	0,407	0,367
66	1,133	1,003	0,891	0,794	0,709	0,636	0,571	0,514	0,462	0,416
63	1,263	1,113	0,991	0,884	0,791	0,708	0,637	0,573	0,515	0,463
60	1,392	1,225	1,088	0,971	0,869	0,780	0,700	0,629	0,566	0,510
57	1,516	1,334	1,184	1,055	0,943	0,845	0,759	0,682	0,614	0,553
54	1,633	1,441	1,278	1,137	1,013	0,939	0,816	0,734	0,661	0,596
51	1,749	1,542	1,365	1,214	1,083	0,970	0,871	0,784	0,706	0,637
48	1,857	1,638	1,450	1,289	1,150	1,028	0,925	0,831	0,748	0,674
45	1,962	1,729	1,530	1,361	1,214	1,084	0,972	0,874	0,787	0,710
42	2,063	1,817	1,607	1,3 9	1,274	1,138	1,020	0,917	0,823	0,741

Angle i.	4,0	4,2	4,4	4,6	4,8	5,0	5,2	5,4	5,6	5,8
75°	0,239	0,213	0,193	0,178	0,159	0,144	0,131	0,119	0,108	0,097
72	0,283	0,257	0,232	0,210	0,193	0,172	0,156	0,142	0,128	0,116
69	0,330	0,298	0,269	0,244	0,220	0,199	0,180	0,164	0,148	0,134
66	0,374	0,338	0,303	0,276	0,249	0,223	0,204	0,183	0,167	0,151
63	0,417	0,377	0,340	0,337	0,277	0,250	0,227	0,203	0,183	0,167
60	0,459	0,414	0,374	0,337	0,305	0,275	0,249	0,225	0,203	0,184
57	0,499	0,450	0,406	0,367	0,332	0,299	0,270	0,244	0,221	0,200
54	0,538	0,485	0,438	0,395	0,357	0,322	0,291	0,263	0,238	0,215
51	0,574	0,518	0,467	0,422	0,381	0,344	0,311	0,281	0,254	0,230
48	0,608	0,549	0,495	0,447	0,404	0,365	0,330	0,299	0,270	0,244
45	0,640	0,578	0,521	0,471	0,425	0,384	0,347	0,314	0,284	0,256
42	0,670	0,605	0,546	0,493	0,445	0,402	0,363	0,328	0,296	0,268

Angle i.	6,0	6,5	7,0	7,5	8,0	8,5	9,0	9,5	10,0
75°	0,088	0,068	0,052	0,040	0,031	0,024	0,018	0,014	0,011
72	0,103	0,081	0,062	0,048	0,037	0,028	0,021	0,016	0,012
69	0,122	0,094	0,073	0,056	0,045	0,035	0,026	0,019	0,015
66	0,138	0,106	0,083	0,064	0,049	0,038	0,029	0,022	0,017
63	0,153	0,118	0,092	0,071	0,054	0,042	0,032	0,024	0,019
60	0,167	0,129	0,101	0,078	0,060	0,046	0,035	0,027	0,021
57	0,181	0,140	0,109	0,084	0,065	0,050	0,038	0,029	0,023
54	0,195	0,151	0,117	0,090	0,070	0,054	0,041	0,032	0,025
51	0,208	0,161	0,125	0,096	0,074	0,057	0,044	0,034	0,026
48	0,221	0,170	0,131	0,102	0,078	0,060	0,047	0,036	0,028
45	0,232	0,178	0,138	0,105	0,082	0,063	0,049	0,038	0,029
42	0,232	0,187	0,144	0,111	0,086	0,066	0,051	0,040	0,031

Forme d'une goutte suspendue à un corps solide qu'elle mouille.

35. Menons au sommet O de la goutte la verticale Oz de bas en haut et la tangente Ox au méridien. D'après le n° 1 du Chapitre II, on a, pour l'équation de la goutte,

$$\frac{1}{R} + \frac{1}{R_1} = \frac{h - z}{a^2},$$

et, si l'on désigne par b le rayon de courbure au sommet, on aura, en faisant $z = 0$,

$$h = \frac{2a^2}{b}.$$

Nous en conclurons, comme au n° 18, les deux équations

$$r \cos\varphi \, d\varphi + \sin\varphi \, dr = \frac{1}{a^2}(h - z) r \, dr,$$

$$dz = dr \operatorname{tang}\varphi.$$

On passe donc des formules du n° 18 à celles du problème actuel, en changeant simplement a^2 en $-a^2$. Ainsi l'on aura

$$(a) \quad \begin{cases} z = A_1\varphi^2 + A_2\varphi^4 + A_3\varphi^6 + A_4\varphi^8 + \ldots, \\ r = B_1\varphi + B_2\varphi^3 + B_3\varphi^5 + B_4\varphi^7 + \ldots, \end{cases}$$

en faisant

$$A_1 = \frac{b}{2}, \quad A_2 = -\frac{b}{24} + \frac{3}{32}\frac{b^3}{a^2},$$

$$A_3 = \frac{1}{1.2.3.4.5.6} b - \frac{1}{72}\frac{b^3}{a^2} + \frac{5}{144}\frac{b^5}{a^4},$$

$$A_4 = -\frac{1}{1.2.3\ldots8} b + \frac{13}{15360}\frac{b^3}{a^2} - \frac{67}{9216}\frac{b^5}{a^4} + \frac{1183}{73728}\frac{b^7}{a^6},$$

$$B_1 = b, \quad B_2 = -\frac{b}{6} + \frac{1}{8}\frac{b^3}{a^2},$$

$$B_3 = \frac{b}{120} - \frac{1}{24}\frac{b^3}{a^2} + \frac{1}{24}\frac{b^5}{a^4},$$

$$B_4 = -\frac{1}{1.2.3\ldots7} b + \frac{23}{5760}\frac{b^3}{a^2} - \frac{7}{384}\frac{b^5}{a^4} + \frac{169}{9216}\frac{b^7}{a^6}.$$

36. On développera z et r par les formules précédentes, tant qu'elles

seront suffisamment convergentes; puis, comme au n° 19, p étant la valeur de z pour l'extrémité de l'arc obtenu, nous développerons r suivant les puissances de $\zeta = z - p$.

Posons donc

$$\mathrm{H} = p - \frac{2a^2}{b}, \quad f^2 = 1 + c^2 m_1^2$$

et les coefficients du développement

$$\frac{r}{c} = 1 + m_1\zeta + m_2\zeta^2 + m_3\zeta^3 + \ldots \tag{b}$$

seront, en désignant par φ_1 la valeur de φ pour $z = p$,

$$\left\{\begin{aligned} cm_1 &= \cot\varphi_1, \quad cm_2 = \frac{f^2}{2c} + \frac{1}{2a^2}\mathrm{H}f^3, \\ cm_3 &= -\frac{f^2 m_1}{6c} + \frac{2}{3}cm_1m_2 + \frac{1}{6a^2}f^3 + \frac{1}{a^2}\mathrm{H}m_1m_2c^2f, \\ cm_4 &= \frac{(m_1^2 - m_2)f^2}{12c} - \frac{1}{3}m_1^2m_2c + \frac{1}{3}cm_2^2 - \frac{1}{2}cm_1m_3 \\ &\quad + \frac{c^2\mathrm{H}}{2a^2}\left[\frac{m_2^2}{f}(2f^2 - 1) - \frac{3}{2}m_1m_2f\right] + \frac{1}{2a^2}c^2fm_1m_2. \end{aligned}\right. \tag{c}$$

Si l'on applique ces formules à partir du plus grand rayon de la goutte, on aura $m_1 = 0$, $f = 1$ et, par suite,

$$\left\{\begin{aligned} m_2c &= \frac{1}{2c} + \frac{\mathrm{H}}{2a^2}, \quad m_3c = \frac{1}{6a^2}, \\ m_4c &= \frac{1}{24c^3} + \frac{\mathrm{H}}{4a^2c^2} + \frac{\mathrm{H}^2}{3a^4c} + \frac{\mathrm{H}^3}{8a^6}, \\ m_5c &= \frac{7}{60}\frac{1}{a^2c^3} + \frac{11}{40}\frac{\mathrm{H}}{a^4c} + \frac{3}{20}\frac{\mathrm{H}^2}{a^6}. \end{aligned}\right. \tag{d}$$

En raisonnant comme nous avons fait n° 8, nous trouverons pour le volume de la goutte

$$\mathrm{V} = a^2\lambda\sin i - \left(\frac{2a^2}{b} - q\right)\mathrm{B}, \tag{e}$$

en désignant par q la hauteur de la goutte, λ le contour et B la surface de la base.

Il est utile de remarquer que, lorsqu'on aura calculé la figure d'une goutte d'un liquide, on en pourra conclure la figure d'une correspondante d'un autre liquide quelconque. En effet, d'après les formules (a), $\frac{z}{b}$ et $\frac{r}{b}$ ne dépendent de a et b que par le rapport $\frac{b}{a}$. Par conséquent, à une goutte du premier liquide correspondra une goutte semblable du second liquide.

37. *Application I.* — Nous allons déterminer avec une grande précision la figure d'équilibre d'une goutte d'eau suspendue à un tube dans la supposition que le rayon de courbure b au sommet soit égal à 2^{mm}.

Fig. 39. — Échelle 10.

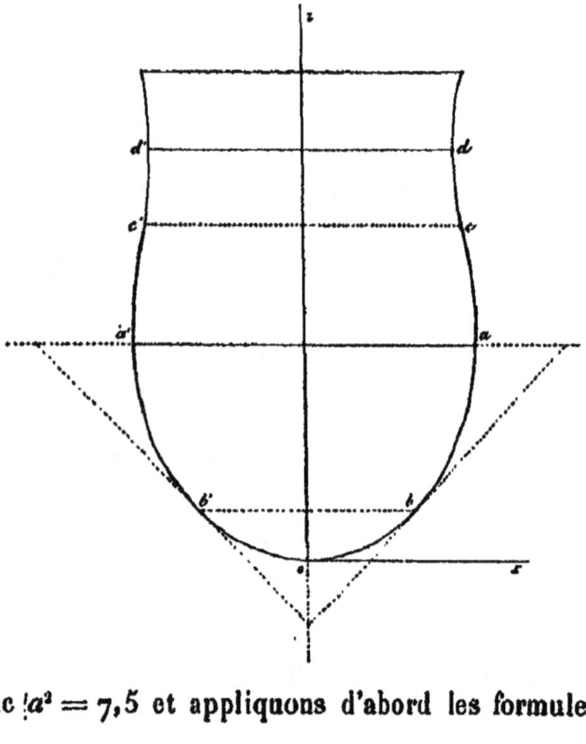

Faisons donc $a^2 = 7{,}5$ et appliquons d'abord les formules (a), nous aurons

$$z = \varphi^2 + 0{,}0167\varphi^4 + 0{,}0078\varphi^6 + 0{,}00163\varphi^8,$$
$$r = 2\varphi - 0{,}2\varphi^3 \quad - 0{,}0040\varphi^5 - 0{,}00055\varphi^7.$$

Faisons $\varphi = \frac{\pi}{2}$, et nous aurons

$$z = 2{,}806, \quad r = 2{,}316;$$

ainsi le plus grand rayon de la goutte est $2^{\mathrm{mm}},316$. Ces coordonnées correspondent, sur la *fig.* 39, au cercle aa'. Pour $\varphi = \frac{\pi}{4}$, on a

$$z = 0,625, \quad r = 1,473,$$

ce qui correspond au cercle bb'.

Appliquons ensuite les formules (b) et (d); nous aurons

$$c = 2,316, \quad \mathrm{H} = 2,806 - 7,5 = -4,694, \quad m_1 = 0,$$

et nous trouverons

$$r = 2,316 - 0,0970\zeta^2 + 0,0222\zeta^3 - 0,0001\zeta^4 - 0,00082\zeta^5,$$

$$\frac{dr}{d\zeta} = -0,1940\zeta + 0,0666\zeta^2 - 0,0004\zeta^3 - 0,0041\zeta^4.$$

Nous en concluons

Pour $\zeta = 0,5$ ou	$z = 3,306,$	$r = 2,295,$
$\zeta = 1$	$z = 3,806,$	$r = 2,241,$
$\zeta = 1,5$	$z = 4,306,$	$r = 2,179,$
$\zeta = 2$	$z = 4,806,$	$r = 2,128.$

Pour $\zeta = 2$, la série qui donne $\frac{dr}{d\zeta}$ n'est pas suffisamment convergente; mais cette série est égale à $-0,121$ pour $\zeta = 1,5$. Appliquons donc les formules (b) et (c) à partir du point c correspondant à $\zeta = 1,5$; nous aurons

$$c = 2,179, \quad \mathrm{H} = 4,306 - 7,5 = -3,194, \quad cm_1 = -0,121,$$

et nous trouverons

$$r = 2,179 - 0,121\zeta + 0,0152\zeta^2 + 0,0272\zeta^3,$$

$$\frac{dr}{d\zeta} = -0,121 + 0,0304\zeta + 0,0816\zeta^2;$$

$$\frac{d^2r}{d\zeta^2} = 0,0304 + 0,1632\zeta.$$

La première dérivée est nulle sur le cercle de gorge et pour

$$\zeta = 1,05, \quad z = 5,356, \quad r = 2,100,$$

et la seconde dérivée est nulle au point d'inflexion pour

$$\zeta = -0,186, \quad z = 4,120, \quad r = 2,202.$$

Appliquons les formules (b) et (d) à partir du cercle de gorge dd'; nous aurons

$$c = 2,100, \quad H = -2,144, \quad cm_1 = 0,$$

et ensuite

$$r = 2,100 + 0,095\zeta^2 + 0,0222\zeta^3 - 0,0016\zeta^4.$$

Pour vérifier cette formule, employons-la à la détermination d'un point déjà obtenu et faisons $\zeta = -0,55$, ce qui correspond à $z = 4,806$, et nous retrouvons en effet $r = 2,128$.

Pour $\zeta = 0,55$ ou $z = 5,906$, nous obtenons $r = 2,129$.

Enfin, calculons le volume de la goutte jusqu'au cercle de gorge, d'après la formule (e); nous ferons

$$q = 5,356, \quad i = \frac{\pi}{2}, \quad \lambda = 2\pi \times 2,1, \quad B = \pi.2,1^2,$$

et nous trouverons

$$V = 69^{\text{mmc}},26;$$

ainsi son poids est de $69^{\text{mgr}},26$.

38. *Application II.* — Résolvons la même question dans la supposition que le rayon de courbure b au sommet de la goutte soit égal à $1^{\text{mm}},75$. Depuis le sommet jusqu'au plus grand cercle de la figure, nous appliquerons les formules (a), qui deviennent

$$z = 0,875\varphi^2 - 0,006\varphi^4 + 0,0026\varphi^6 + 0,0004\varphi^8,$$

$$r = 1,750\varphi - 0,203\varphi^3 - 0,0031\varphi^5 - 0,0005\varphi^7;$$

et nous en déduirons

$$\text{Pour } \varphi = \frac{\pi}{4}, \quad z = 0,538, \quad r = 1,275,$$

$$\text{Pour } \varphi = \frac{\pi}{2}, \quad z = 2,176, \quad r = 1,920,$$

ce qui correspond, sur la *fig.* 40, aux cercles bb' et aa'.

Appliquons ensuite les formules (b) et (d) au-dessus du cercle aa'; nous obtiendrons

$$r = 1,920 - 0,166\zeta^2 + 0,0222\zeta^3 - 0,004\zeta^4 + 0,0024\zeta^5,$$

$$\frac{dr}{d\zeta} = -0,332\zeta + 0,0666\zeta^2 - 0,016\zeta^3 + 0,0120\zeta^4,$$

et, pour $\zeta = 1,3$,

$$r = 1,686, \quad \frac{dr}{d\zeta} = -0,320, \quad z = 3,476.$$

Fig. 40. — Échelle 10.

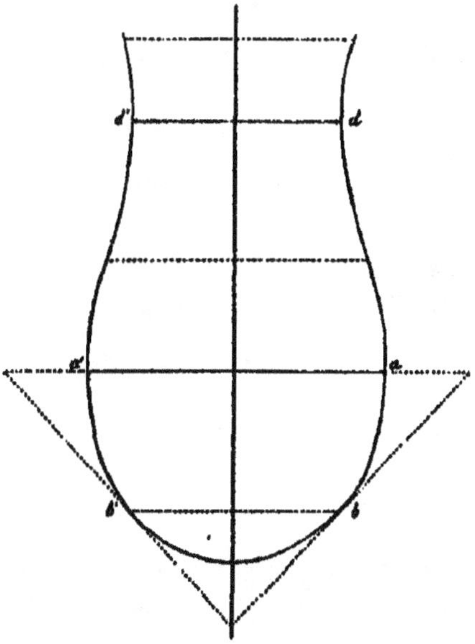

Au-dessus du point qui a ces coordonnées, nous appliquerons les formules (b) et (c), et nous aurons

$$r = 1,686 - 0,320\zeta - 0,066\zeta^2 + 0,040\zeta^3,$$

$$\frac{dr}{d\zeta} = -0,320 - 0,132\zeta + 0,120\zeta^2,$$

et, en faisant $\zeta = 0,5$,

$$r = 1,515, \quad \frac{dr}{d\zeta} = -0,224, \quad z = 3,976.$$

Nous aurons ensuite

$$r = 1,515 - 0,224\zeta + 0,016\zeta^2 + 0,041\zeta^3,$$

et, pour $\zeta = 0,3$,

$$r = 1,450, \quad \frac{dr}{d\zeta} = -0,203, \quad z = 4,276;$$

puis

$$r = 1,450 - 0,203\zeta + 0,055\zeta^2 + 0,042\zeta^3,$$

et, pour $\zeta = 0,5$,

$$r = 1,367, \quad \frac{dr}{d\zeta} = -0,117, \quad z = 4,776.$$

Enfin, à partir de ce dernier point, nous aurons

$$r = 1,367 - 0,117\zeta + 0,113\zeta^2 + 0,035\zeta^3,$$
$$\frac{dr}{d\zeta} = \quad -0,117 + 0,226\zeta + 0,105\zeta^2.$$

Cette dérivée est nulle pour $\zeta = 0,43$, ce qui correspond au cercle de gorge dd'. Ainsi l'on a sur ce cercle

$$r = 1,341, \quad z = 5,206.$$

En comptant la coordonnée verticale ζ à partir du cercle de gorge, on a encore

$$r = 1,341 + 0,149\zeta^2 + 0,0222\zeta^3 - 0,0375\zeta^4.$$

La hauteur de la goutte jusqu'au cercle de gorge est donc $q = 5,206$, et, en appliquant la formule (e), on trouve $44^{\text{mgr}},18$ pour le poids de la goutte.

On doit remarquer que la hauteur de cette goutte diffère peu de celle de la précédente, mais que le cercle de gorge et le volume sont devenus beaucoup moindres.

39. *Application III.* — Résolvons ensuite la même question dans la supposition que le rayon de courbure b au sommet de la goutte soit égal à $1^{\text{mm}},5$. Nous aurons d'abord, d'après les formules (a),

$$z = 0,750\varphi^2 - 0,0203\varphi^4 + 0,0006\varphi^6 + 0,00005\varphi^8,$$
$$r = 1,500\varphi - 0,1938\varphi^3 - 0,0006\varphi^5 + 0,00007\varphi^7.$$

En faisant $\varphi = \frac{\pi}{2}$, nous aurons, sur le plus grand parallèle de la goutte, représenté sur la *fig.* 41 par *aa'*,

$$z = 1,738, \quad r = 1,600.$$

Fig. 41. — Échell 10.

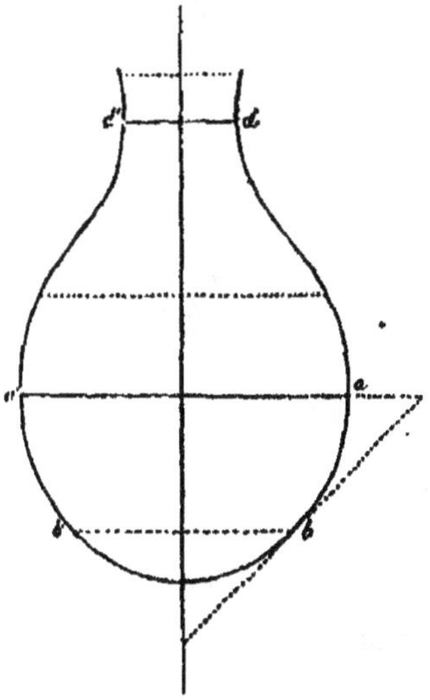

Ensuite, d'après les formules (b) et (d), on obtient

$$r = 1,600 - 0,239\zeta^2 + 0,022\zeta^3 - 0,011\zeta^4 + 0,005\zeta^5,$$
$$\frac{dr}{d\zeta} = \qquad - 0,478\zeta + 0,066\zeta^2 - 0,044\zeta^3 + 0,025\zeta^4,$$

et, pour $\zeta = 1$, on a

$$r = 1,377, \quad \frac{dr}{d\zeta} = -0,431, \quad z = 2,738.$$

Au delà de ce point, nous appliquerons la formule

$$r = 1,377 - 0,431\zeta - 0,192\zeta^2 + 0,0262\zeta^3,$$
$$\frac{dr}{d\zeta} = \qquad - 0,431 \quad - 0,384\zeta + 0,0786\zeta^2,$$

et, pour $\zeta = 0,75$, nous aurons

$$r = 0,964, \quad \frac{dr}{d\zeta} = -0,629, \quad z = 3,488.$$

A partir de ce point, nous emploierons la formule

$$r = 0,964 - 0,629\zeta + 0,008\zeta^2 + 0,164\zeta^3,$$

et nous aurons, en faisant $\zeta = 0,325$,

$$r = 0,767, \quad \frac{dr}{d\zeta} = -0,555, \quad z = 3,813.$$

Nous aurons ensuite

$$r = 0,767 - 0,555\zeta + 0,236\zeta^2 + 0,248\zeta^3,$$

et, pour $\zeta = 0,2$,

$$r = 0,667, \quad \frac{dr}{d\zeta} = -0,431, \quad z = 4,013;$$

puis

$$r = 0,667 - 0,431\zeta + 0,373\zeta^2 + 0,199\zeta^3,$$

et, pour $\zeta = 0,2$,

$$r = 0,598, \quad \frac{dr}{d\zeta} = -0,258, \quad z = 4,213.$$

Enfin nous aurons

$$r = 0,598 - 0,258\zeta + 0,466\zeta^2 + 0,114\zeta^3,$$

$$\frac{dr}{d\zeta} = \qquad -0,258 + 0,932\zeta + 0,342\zeta^2,$$

et cette dérivée est nulle pour $\zeta = 0,25$. Ainsi l'on a pour le cercle de gorge marqué sur la figure par dd',

$$r = 0,565, \quad z = 4,463.$$

On aura, pour le volume de la goutte terminée au cercle de gorge,

$$V = 2\pi \times 0,565.a^2 - \pi.0,565^2 \times 5,537 = 21,074;$$

on en conclut que son poids est $21^{mgr},074$.

40. *Application IV.* — Passons au cas où le rayon de courbure au sommet de la goutte est $b = 1^{mm}$. Nous aurons d'abord

$$z = 0,5\varphi^2 - 0,0291\varphi^4 + 0,0002\varphi^6 + 0,00002\varphi^8 + \ldots,$$

$$r = \quad \varphi - 0,1500\varphi^3 + 0,0035\varphi^5 + 0,00025\varphi^7 + \ldots,$$

et, pour $\varphi = \frac{\pi}{2}$, nous obtenons

$$z = 1{,}059, \quad r = 1{,}029;$$

ce qui correspond au plus grand cercle aa' de la *fig.* 42.

Fig. 42. — Échelle 10.

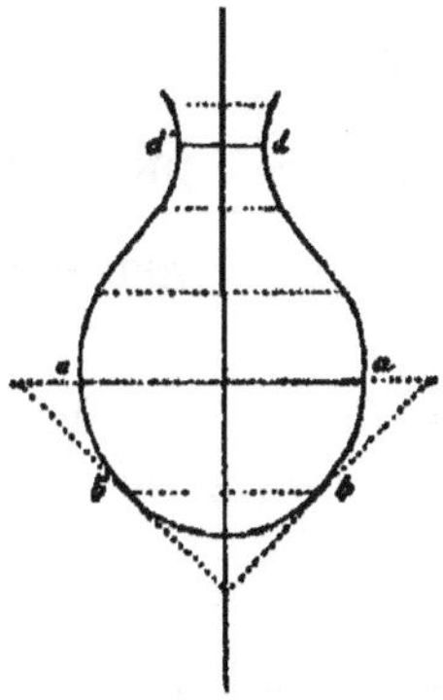

Nous avons ensuite

$$r = 1{,}029 - 0{,}443\zeta^2 + 0{,}022\zeta^3 - 0{,}066\zeta^4 + 0{,}0176\zeta^5,$$

et, pour $\zeta = 0{,}6$,

$$r = 0{,}867, \quad \frac{dr}{d\zeta} = -0{,}554, \quad z = 1{,}659.$$

2° A partir de ce point, nous avons

$$r = 0{,}867 - 0{,}554\zeta - 0{,}135\zeta^2 - 0{,}016\zeta^3,$$

et, pour $\zeta = 0{,}3$,

$$r = 0{,}689, \quad \frac{dr}{d\zeta} = -0{,}639, \quad z = 1{,}959.$$

3° Nous aurons

$$r = 0{,}689 - 0{,}639\zeta - 0{,}431\zeta^2 + 0{,}051\zeta^3,$$

et, pour $\zeta = 0{,}25$,

$$r = 0{,}503, \quad \frac{dr}{d\zeta} = -0{,}844, \quad z = 2{,}209.$$

4° Nous obtenons

$$r = 0,503 - 0,844\zeta - 0,208\zeta^2 + 0,843\zeta^3,$$

et, pour $\zeta = 0,25$,

$$r = 0,292, \quad \frac{dr}{d\zeta} = -0,790, \quad z = 2,459.$$

5° Nous aurons enfin

$$r = 0,292 - 0,790\zeta + 1,051\zeta^2 + 2,427\zeta^3,$$
$$\frac{dr}{d\zeta} = \quad -0,790 + 2,102\zeta + 7,281\zeta^2.$$

Cette dérivée est nulle pour $\zeta = 0,214$. Ainsi l'on a, sur le cercle de gorge marqué sur la *fig.* 42 par dd',

$$r = 0,195, \quad z = 2,673.$$

En comptant ζ à partir du cercle de gorge, on aurait encore

$$r = 0,195 + 1,742\zeta^2 + 0,022\zeta^3 - 1,126\zeta^4.$$

On trouvera ensuite, pour le poids de la goutte, le nombre

$$7^{\text{mgr}},716.$$

Figures d'une goutte suspendue à un tube et en équilibre stable.

41. Si nous coupons une des *fig.* 39, 40, 41 et 42 au-dessous du cercle aa' par une section circulaire et horizontale, la partie située au-dessous représentera la figure d'équilibre d'une goutte suspendue à un tube vertical.

En prenant cette section suivant le cercle aa', on aura les figures de gouttes d'eau en équilibre attachées à un tube dont la section extérieure sera aa', lorsque le plan tangent le long du bord fait avec l'horizon le plus grand angle, c'est-à-dire un angle droit.

En prenant ensuite, par exemple, les parties situées au-dessous du cercle bb', on aura les figures de gouttes d'eau, suspendues à un tube dont la section est bb', lorsque le plan tangent le long du bord de la goutte fait un angle de 45° avec l'horizon.

Ce sont les figures que nous avions assimilées dans une première approximation à une portion de sphère (Chap. III, n° 31).

Sur le développement en série (n° 36) de la fonction r suivant les puissances de ζ.

42. La fonction r satisfait à l'équation différentielle

$$(A)\qquad -\frac{d^2r}{d\zeta^2}+\frac{1}{r}\left(\frac{dr}{d\zeta}\right)^2+\frac{1}{r}=-\frac{1}{a^2}(\zeta+h)\left[1+\left(\frac{dr}{d\zeta}\right)^2\right]^{\frac{3}{2}},$$

et nous nous proposons de déterminer les points critiques de cette fonction de ζ, afin de savoir dans quelles limites elle est développable suivant les puissances de ζ.

Il est d'abord aisé de voir que le sommet de la courbe qui a pour coordonnées ($x=0$, $z=0$) est un point critique et que la fonction est développable à partir de ce point en une série de la forme

$$r=A_1z^{\frac{1}{2}}+A_2z^{\frac{3}{2}}+A_3z^{\frac{5}{2}}+\ldots.$$

On a aussi un point critique correspondant à

$$\left(\frac{dr}{d\zeta}\right)^2=-1.$$

En effet, aux environs d'un tel point, le second membre de l'équation (A) est très petit en comparaison des termes du premier membre, et cette équation se réduit sensiblement à

$$-\frac{d^2r}{d\zeta^2}+\frac{1}{r}\left[1+\left(\frac{dr}{d\zeta}\right)^2\right]=0.$$

Intégrons cette équation, et, en désignant par C et C′ deux constantes arbitraires, nous avons

$$(B)\qquad \begin{cases} r=\dfrac{C}{2}\left(e^{\frac{\zeta-C'}{C}}+e^{-\frac{\zeta-C'}{C}}\right),\\[2mm] \dfrac{dr}{d\zeta}=\dfrac{1}{2}\left(e^{\frac{\zeta-C'}{C}}-e^{-\frac{\zeta-C'}{C}}\right),\end{cases}$$

et, puisqu'on doit avoir, si l'on suppose le point à l'origine des coordonnées,

$$\frac{dr}{d\zeta} = \pm i \quad \text{pour} \quad \zeta = 0,$$

en faisant $i = \sqrt{-1}$, il en résulte

$$\frac{C'}{C} = \pm \frac{\pi}{2} i,$$

et la valeur de r devient, pour la même valeur de ζ,

$$r = C \cos \frac{\pi}{2} = 0.$$

On a ainsi deux points doubles, pour lesquels $\frac{dr}{d\zeta} = \pm i$, et, en désignant par α et β deux quantités réelles, on peut représenter les coordonnées de ces deux points par

$$z = \alpha + \beta i, \quad r = 0,$$
$$z = \alpha - \beta i, \quad r = 0.$$

L'expression (B) de r peut s'écrire

$$r = C i \frac{e^{\frac{\zeta}{C}} - e^{-\frac{\zeta}{C}}}{2}$$

ou, en changeant C en $\frac{C}{i}$,

$$r = C i \sin \frac{\zeta}{C}.$$

Nous pouvons prendre cette expression pour le premier terme d'un développement et poser

$$\text{(C)} \qquad r = C i \sin \frac{\zeta}{C} + D \sin^5 \frac{\zeta}{C} + E \sin^6 \frac{\zeta}{C} + F \sin^7 \frac{\zeta}{C} + \ldots.$$

Si ζ a un petit module, on peut remplacer dans (A) ζ par son développement suivant les puissances de $\sin \frac{\zeta}{C}$,

$$C\left(\sin \frac{\zeta}{C} + \frac{1}{6} \sin^3 \frac{\zeta}{C} + \ldots\right),$$

et en prenant le radical du second membre de (A) avec le signe $\pm$, puisqu'il s'annule en ce point, on aura, si l'on désigne par h' la valeur imaginaire

$$\frac{2a^2}{b} - \alpha - \beta i$$

que prend h en ce point,

$$D = \mp \frac{h'}{a^2}\frac{C^2}{10},$$

$$E = \mp \frac{C^2(h'+C)}{18a^2},$$

$$56F + 16D = \pm \frac{15h'CDi}{a^2},$$

et il est aisé de voir qu'on obtiendra, pour tous les coefficients de la formule (C), des valeurs finies et déterminées.

43. Si l'on fait $c = 0$ et $cm_1 = i$ dans les expressions données au n° 36 pour les coefficients du développement

$$r = c + cm_1\zeta + cm_2\zeta^2 + \ldots,$$

on aura $f = 0$, et l'on voit que tous les coefficients se présentent sous la forme $\frac{0}{0}$; ils sont cependant déterminés. En effet, nous avons remarqué que la série (C) a tous ses coefficients finis et déterminés. Remplaçons $\sin\frac{\zeta}{C}$ par son développement, et nous aurons

$$r = \zeta i - \frac{i}{C^2}\frac{\zeta^3}{1.2.3} + \left(\frac{i}{2.3.4C^4} + \frac{D}{C^3}\right)\zeta^5 + \ldots.$$

44. La fonction r n'a pas d'autres points critiques. Si donc on pose

$$z = u + vi,$$

et qu'on regarde u, v comme les coordonnées rectangulaires d'un point, la fonction r sera développable à partir du point ($u = p$, $v = 0$), suivant les puissances de $\zeta = z - p$, dans l'intérieur d'un cercle décrit de ce point comme centre, de manière qu'il ne renferme pas les points critiques.

Dans l'application IV (n° 40), on a, pour le cercle de gorge, $z = 2,673$ et, à très peu près, pour les deux derniers points critiques, $z = 2,673 \pm 0,3i$. Il en résulte que les développements de r sont peu convergents dans le haut de la goutte. Dans l'application I (nº 37) au contraire, le méridien de la surface de la goutte s'éloignant beaucoup de l'axe sur le cercle de gorge, on comprend facilement que la même série soit très convergente sur tout l'arc *ad*.

On s'explique de la même manière pourquoi, selon ce qui a été dit (nº 26), la série analogue relative à une goutte de mercure est très convergente au-dessous de son plus grand parallèle, dès que le rayon de ce cercle surpasse 3^{mm}.

Compte-gouttes.

45. Quand une goutte se forme à l'extrémité d'un tube capillaire vertical, adapté au fond d'un vase, pour ensuite tomber, elle grossit peu à peu, puis s'étend au delà du rayon du tube; enfin elle se creuse. Elle affecte finalement les figures complètes dont j'ai calculé plusieurs cas dans les nºs 37 à 40 ; alors elle se rompt sur le cercle de gorge, dont le rayon diffère très peu du rayon de la section extérieure ou intérieure du tube, suivant que la goutte est attachée au cylindre extérieur ou intérieur.

Bien que la goutte, avant de se détacher sur le cercle de gorge, prenne une figure d'équilibre instable, on ne peut cependant considérer l'ensemble formé par la goutte et par le liquide du vase et du tube comme un système en équilibre. C'est pour cette raison que la quantité désignée au nº 36 par $-H = \frac{2a^2}{b} - q$ ne représente pas la hauteur du niveau du liquide du vase au-dessus du cercle de gorge. La hauteur de ce niveau n'altère pas la forme de la goutte; quand cette hauteur croît, la vitesse de l'écoulement est seulement augmentée.

En supposant même le vase d'une longueur indéfinie, la vitesse d'écoulement ne sera pas uniforme. Au moment où la goutte se creuse, il se produit une traction capillaire de dedans en dehors, qui accélère la descente du liquide du vase.

La théorie que je viens d'expliquer est confirmée par les expériences de Dupré. En effet, d'après les calculs que j'ai faits ci-dessus sur les figures des gouttes prêtes à se détacher, il résulte que, si le diamètre du tube capillaire est, en millimètres,

0,39, 1,13, 2,68, 4,20,

les poids des gouttes sont respectivement, en milligrammes,

7,716, 21,074, 44,18, 69,26.

Or Dupré a trouvé par l'expérience (DUPRÉ, *Théorie mécanique de la chaleur*, Chap. IX) que, pour les diamètres

mm 0,2,	mm 0,52,	mm 1,15,	mm 2,15,	mm 2,252,	mm 3,04,	mm 4,06,	mm 4,445,	mm 5,12,	mm 10,435,

les poids des gouttes sont, à la température de 25°, en milligrammes,

4,25,	12,4,	21,9,	35,1,	40,8,	50,0,	65,0,	70,0,	76,5,	85,6,

et les nombres que j'ai trouvés s'accordent bien avec ces derniers. Il faut remarquer que les diamètres donnés par Dupré sont ceux des tubes et que les diamètres que j'ai calculés sont ceux des cercles de gorge de la goutte; mais, par cette comparaison même, on voit que les seconds diamètres doivent différer très peu des premiers. Il est aussi utile de dire que Dupré déclare qu'il aurait pu arriver à une précision plus grande, s'il avait pu consacrer plus de temps à ses expériences.

46. Hagen a employé le premier le compte-gouttes pour comparer les tensions superficielles. On place le liquide à essayer dans un vase muni d'un tube capillaire par lequel il s'échappe par goutte, et l'on admet que les poids de deux gouttes de deux liquides différents, tombant de cet appareil, sont proportionnels à leurs tensions superficielles, ou, ce qui revient au même, que les volumes de ces deux gouttes sont proportionnels aux constantes capillaires a^2 et a'^2 de ces liquides. En faisant donc couler par gouttes un même volume des deux liquides et désignant par n et n' le nombre des gouttes fournies par chacun, nous aurions

$$\frac{n'}{n} = \frac{a^2}{a'^2}. \tag{2}$$

Mais la proportionnalité des poids des gouttes des deux liquides à leurs tensions superficielles est loin d'être très exacte, ainsi que je vais l'expliquer.

On a, pour le volume de la goutte depuis son sommet jusqu'au cercle de gorge, en désignant par R le rayon de ce cercle et par q la hauteur de la goutte (n° 36),

$$V = 2\pi R a^2 - \left(\frac{2a^2}{b} - q\right)\pi R^2;$$

on a ensuite, d'après l'équation du méridien de la goutte,

$$\frac{2a^2}{b} - q = a^2\left(\frac{1}{R} - \frac{1}{\iota}\right),$$

ι étant le rayon de courbure du méridien sur le cercle de gorge, pris positivement; en remplaçant, on a

$$V = \pi R^2 a^2\left(\frac{1}{R} + \frac{1}{\iota}\right).$$

Pour le volume d'une goutte du second liquide sortant du même appareil, on aurait

$$V' = \pi R^2 a'^2\left(\frac{1}{R} + \frac{1}{\iota'}\right),$$

en accentuant les lettres pour la seconde goutte, mais R reste le même. Or, pour que le rapport de V à V' fût égal à celui de $\frac{a^2}{a'^2}$, il faudrait que ι' fût égal à ι, et l'on conçoit facilement que cette égalité ne doit pas avoir lieu.

Au reste, examinons les valeurs de $\frac{1}{R}$ et $\frac{1}{\iota}$ pour les quatre gouttes que j'ai calculées; on obtient $\frac{1}{\iota}$ en calculant la valeur de $\frac{d^2r}{dz^2}$ sur le cercle de gorge. Nous trouverons ainsi :

Application I,	$b = 2^{mm}$.....	$\frac{1}{R} = \frac{1}{2,1} = 0,476$,	$\frac{1}{\iota} = 0,190$,
»	II, $b = 1,75$....	$\frac{1}{R} = \frac{1}{1,341} = 0,746$,	$\frac{1}{\iota} = 0,298$,
»	III, $b = 1,5$.....	$\frac{1}{R} = \frac{1}{0,565} = 1,770$,	$\frac{1}{\iota} = 1,028$,
»	IV, $b = 1$.......	$\frac{1}{R} = \frac{1}{0,195} = 5,128$,	$\frac{1}{\iota} = 3,484$.

Le rapport de $\frac{1}{r}$ à $\frac{1}{R}$ a respectivement pour valeurs

$$(\beta) \qquad 0{,}399, \quad 0{,}400, \quad 0{,}580, \quad 0{,}678.$$

Si ce rapport était constant pour un même liquide, il le serait aussi quand on passerait d'un liquide à un autre, car chaque goutte du premier liquide a sa semblable dans le second liquide (n° 35), et si R était le même dans deux gouttes de ces liquides, r le serait aussi. Les nombres (β) étant différents, cette propriété n'a pas lieu. Toutefois, comme ces nombres ne varient pas rapidement, on comprend qu'on puisse obtenir une certaine approximation, en déduisant a'^2 de la formule (α), pourvu que le rapport plus grand que l'unité des deux nombres a^2, a'^2 ne soit pas trop grand.

47. Montrons comment on pourra vérifier si le compte-gouttes ainsi appliqué donne un résultat suffisamment approché.

Supposons que le premier liquide dont la constante capillaire est a^2 soit l'eau, et concevons qu'on ait fait les calculs des nos 37 à 40 pour un plus grand nombre de gouttes d'eau, en sorte qu'elles ne diffèrent successivement que par petits degrés. Connaissant le volume V de la goutte d'eau qui tombe de l'appareil, nous pourrons en conclure

$$b, \ R$$

par interpolation, et nous n'avons pas besoin d'admettre que R soit le rayon du tube. Au moyen de la formule (α), nous calculons a'^2 approximativement et nous connaissons V' exactement par l'expérience.

Pour la valeur a^2 de l'eau, construisons la courbe qui a pour abscisses les quantités b et pour ordonnées correspondantes les quantités R.

Pour la valeur trouvée pour a'^2, construisons la courbe analogue à la précédente, ayant pour abscisses $b' = b\frac{a'}{a}$ et pour ordonnées $R' = R\frac{b'}{b}$.

Dans cette seconde courbe, prenons l'ordonnée égale à la valeur R du cercle de gorge des deux gouttes; l'abscisse correspondante b' sera le rayon de courbure au sommet de la goutte du second liquide.

Considérons la goutte d'eau semblable dont le rayon de courbure au sommet est $b_1 = b' \frac{a}{a'}$, et soit V_1 son volume. Le volume V' de la goutte liquide doit être égal à $\frac{b'^3}{b_1^3} V_1 = \frac{a'^3}{a^3} V_1$. Si cette égalité n'a pas lieu à très peu près, c'est que a'^2 a été mal calculé au moyen de la formule (α).

Dans ce cas, en augmentant ou diminuant a'^2 et reprenant la même méthode, on pourra parvenir à corriger le premier résultat trouvé.

On peut remarquer que, dans cette recherche, R n'est pas supposé égal au rayon du tube; mais ce qui est plus exact, on le suppose égal au rayon du cercle de gorge, qu'on regarde comme le même pour les deux gouttes des deux liquides, qui tombent du même appareil.

FIN.

TABLE DES MATIÈRES.

CHAPITRE III.

LIQUIDES SUPERPOSÉS. — SUSPENSION DANS L'AIR D'UN LIQUIDE PAR UN TUBE CAPILLAIRE.

CHAPITRE IV.

MODIFICATION DE LA PRESSION HYDROSTATIQUE PAR LES FORCES CAPILLAIRES.

CHAPITRE V.

ÉLÉVATION D'UN LIQUIDE AU MOYEN D'UN DISQUE HORIZONTAL. — FIGURES DES GOUTTES DE LIQUIDE POSÉES SUR UN PLAN HORIZONTAL OU SUSPENDUES.

5866 Paris. — Imprimerie de Gauthier-Villars, quai des Augustins, 55.

www.ingramcontent.com/pod-product-compliance
Lightning Source LLC
Chambersburg PA
CBHW072001090426
42740CB00011B/2041
9782013529747